ジョージーナ・ウィルソン＝パウエル［著］

国立環境研究所 資源循環領域 資源循環社会システム研究室
吉田綾［監訳］
上川典子［訳］

DK
東京書籍

Japanese translation rights arranged with
Dorling Kindersley Limited,London
through Fortuna Co., Ltd. Tokyo.

For sale in Japanese territory only.

Printed and bound in Japan.

www.dk.com

地球のためになる365のこと　もくじ

＊本文中の［　］内は訳註です。

はじめに

厳しい世の中です。暗いニュース、恐ろしい統計、次々と発覚するグリーンウォッシング［企業などが、あたかも環境に配慮しているかのように装うこと］に気持ちが押し潰されそうです。温暖化は地球を根底から変え、まったくの別物にしてしまうでしょう。気候変動による破滅が刻々と迫っています。私たちの未来を守りたいなら、もう猶予はありません。

でも、地球を救うためにできることなら毎日の暮らしの中にたくさんあります！ 本書では簡単にできる裏ワザ、スワップ（置き換え）、ヒントなどを1日1つ、1年365日分のアクションとしてご紹介しています。よりサステナブル（持続可能）な未来へと向かうあなたの支えとなる1冊です。特にすごいのは、どれでもいいので実行に移せば、あなた自身のカーボンフットプリント［ある商品・サービスがライフサイクル全体で生み出す温室効果ガス排出量を示した指標］が確実に減り、地球が少し元気になること。結局のところ、大切なのは完璧を目指すことではなく、今に向き合うことなのです。

元手のかからないもの、低コストでできるもの、すぐさま実行に移せるものがある一方で、いくつかは熟考や覚悟が必要でしょう。それでも、すべてに共通するのは、その1歩が新たなアイデアを呼び、変化をもたらすという点です。変化というものは、地球のためを思う私たち一人ひとりの小さな決断から生まれるのです。

今日は簡単なことしかできない、あとはいつもどおり過ごしたい、そう思う日もあるでしょう。そんなときのための最高に手軽なアクション、例えばシャンプーを固形タイプに替える（28ページを参照）、インターネッ

トの検索エンジンを変更する（37ページを参照）など、あっという間に達成できるものをたくさん紹介しています。逆に、やる気に満ちていてがっぷり取り組みたい気分の日には、年金を見直す（21ページを参照）、気候変動問題に取り組む団体に加わる（55ページを参照）といったアドバイスをチェックしてみましょう。

仕事でいっぱいいっぱいの人、時間に追われている人、子育てに忙しい人、あるいは、カーボンフットプリントのわかりにくさに苦戦中という人は、どうか肩の力を抜いてください。難しい部分は、この本があなたの代わりにやってくれます。すべてのアクションに「インパクト指標」があるので、あなたの行動の違いによって起こる変化も、なぜそれが重要なのかも一目でわかります。

さあ、今日からさっそく始めて変化を起こしましょう。友だちに伝え、家族に持ちかけ、一緒にあれをこれに変えたり、裏ワザを使ったりしていきましょう。進捗状況や成果、節約実績などをSNSでシェアしてください。そして、必要なときは助けを求めること、助けの手を差し伸べることも忘れないでください。

あなたの手には、この本があります。
ともに地球を救いましょう。

ジョージーナ・ウィルソン＝パウエル

1 ゼロ・ウェイストのお店を支援する

ここ数年、ゼロ・ウェイスト（ごみゼロ）のお店が世界中にどんどん登場しています。地域密着型で、自前の容器（または、その店のプラスチックフリーの袋）で持ち帰る乾燥食品と、近隣の事業者が提供する商品を販売する店です。

産みたての卵といった生鮮食品、パスタや米などの乾燥した食品は、できるだけそうしたお店で買い求め（乾燥食品は自分で量り、必要な分だけを購入します）、経営をサポートしましょう。食品のサプライチェーンが短くなればなるほどレジリエンス（トラブルへの耐性や回復力）は高くなり、ごみとカーボンフットプリントは減ります。

インパクト指標

食品の容器包装を減らすことで、家庭から出るプラスチックごみを最大で

50%

削減できます

2 樹木の里親になる

インパクト指標

1人が一生涯で排出するCO_2量を相殺するには

2000本

もの植樹が必要です

もっと木を植えてほしいと誰もが思っていますが、多数ある植樹プロジェクトの実績はまちまちです。植えた木が炭素をしっかり吸収できる成木になるまで、長ければ100年かかります。また、熱帯では優れた二酸化炭素貯留能力を発揮するのに、温帯ではさほどではないという樹木もあります。つまり、どんな木も同じように炭素を吸収するわけではないのです。

それなら、現存する木を守りませんか？ 野生動物保護の里親（アドプト）制度［継続的に支援する個人を里親と見なす制度］と同じような感じで、すでに立派に育った成木を守る取り組みです。

マイボトルを忘れずに

インパクト指標

マイボトルを持ち歩けば
最大で年間

156本

のペットボトルを削減できます

給水ステーションも、飲料水を無料で補充できるカフェなどを教えてくれるアプリも増えている今、水を買うべき理由はほとんどありません。

マイボトルを忘れてしまう？ 世界全体で1分間に120万本ものペットボトルが使い捨てられているという事実を心に留めておきましょう。

マイボトルを毎日持ち歩く必需品にしましょう。玄関の近くに置く、前の晩にバッグに入れる、車に積んでおくなどして、必ず持って出かけてください。

さらに一歩進めて、これまでペットボトルに使っていたお金を1週間ごとに貯めるというのはどうでしょう？ 貯金がみるみる増えていきますよ。

4 水やりに生活排水を利用する

イギリスでは1日に1人平均149リットルの水を使っていますが、南半球に住む多くの人々は、水不足の問題に直面しています。

水のありがたさを意識して、その1滴1滴をどう再利用できるか考えましょう。簡単なのは、お風呂や洗濯の水を植木や庭の水やりに再利用することです。シャワーを浴びるときも、浴室にバケツを置いておけば自然と水が溜まります。

ただし、洗剤やシャンプーなどの合成化学物質が大量に含まれている水は、水やりに使えないので注意してください(126ページを参照)。

インパクト指標

水やりにホースの水ではなく生活排水を利用すれば1時間当たり

1000L

の節水になります

インパクト指標

自家製ピザのCO_2排出量は宅配ピザの

1/145

です

5 ピザを食べたいときは手づくりで

金曜夜のデリバリーピザは週末のご褒美に最高ですね。でも、油で汚れたピザの箱は、段ボールであってもリサイクルできないことが多いと知っていましたか?

リサイクル工場の負担を減らすため、つまり段ボールを避けるために、ピザは手づくりしましょう。そのほうがヘルシーでエコで、しかも意外と簡単につくれます。

生地の代わりとして小麦粉のトルティーヤを利用すれば、さくっと軽いピザが手軽にできます。マリナーラソースはまとめてつくって、小腹が空いたときのために冷凍しておきましょう。トッピングには冷蔵庫の残り物を使ってください(170ページを参照)。

シェービングバーを泡立てる

インパクト指標

シェービングバーは缶入りシェービングフォームの

2〜3倍

長もちします

シャンプーやコンディショナーは、使い捨てプラスチックボトル入りから固形タイプに替える人が増えてきました。同じように、シェービング用のフォームやジェルも固形バーに替えられることを知っていましたか？

シェービングフォームの容器は、アイルランドだけでも年におよそ2000万本も捨てられているのに、リサイクルの難しい原材料が使われているせいで大部分が埋め立てられています。しかも、きめ細かい泡立ちのために有害な化学物質やパーム油が使われていることも多くあります。

シェービングバーも濃密で保湿性の高い泡が立ちますが、潤滑剤として使っているのはシアバターなどの天然由来成分です。おまけに、水の切れるソープディッシュで保管すれば最長6カ月もちます。

デジタルデバイスの電源を切る

スタンバイモードはこっそり電気を吸い取る「エネルギー吸血鬼」です。スタンバイモードが消費する電力は、一般家庭における電気使用量の最大16%に達します。

地球を救うための方法として、今日のアクションほど手間要らずのものはありません。使っていない電子機器の電源を切る。それだけです。もちろん、寝る前にも忘れずに切りましょう。

インパクト指標

全世界の炭素排出量の

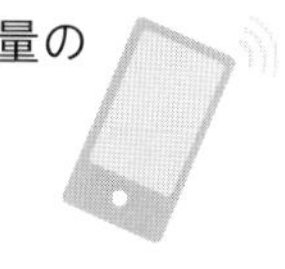

1%

がスタンバイ時の消費電力によるものです

8 食用油は地球に優しいものを

ほとんどの人が料理に油を使いますが、環境へのインパクトは菜種油からココナッツ油まで、油の種類によって異なります。パーム油は、工業的に生産されているため、環境負荷が高いことが多いです。ココナッツ油とオリーブ油はサステナブルな生産も可能ですが、大切なのはどこで、どのようにつくられたものなのかということ。原則として、有害物質や遺伝子組み換え原料の含有量が少ないもの、すなわち有機、未精製、低温圧搾の油を選びましょう。ガラスびん入りのものを買うか、近くのゼロ・ウェイストのお店で持参容器に詰め替えるとなお良いでしょう（6ページを参照）。

インパクト指標

大豆油ではなく菜種油を使えば
1kgにつき
CO_2が

1.76kg

減ります

9 受信トレイを整理する

インパクト指標

電子メールのフットプリントを半減させることでCO_2の排出を年間

300kg

削減できます

受信トレイの未読メールが、温室効果ガスの排出につながっていることをご存知ですか？ 電子メールはクラウドサーバーに保存されていて、そのサーバーは電力を消費していて、その電力の大半は化石燃料でつくられているのです。メールを送るにも受けるにも保存するにも（既読であれ未読であれ）電気が必要で、画像を添付したメール1通につき50gのCO_2が排出されています。

電子メールのカーボンフットプリントを減らすために、今日から次の4つを実践しましょう。
・不要になったメールを定期的に削除する
・迷惑メールフォルダーを空にする
・読まないメールマガジンは解約する
・ファイルは添付せずにネット上のリソースへのリンクを張り、すべての情報を1通にまとめ、一言だけの確認メールは送らない

10 チョウの幼虫を好きになる

インパクト指標

チョウの幼虫の適切な個体数を維持することは、幼虫をえさとする鳥やコウモリの

繁殖

も助けます

チョウの個体数は、この50年間でアメリカで2%、ヨーロッパにいたっては30%も減り、チョウの幼虫を食べる鳥やコウモリにも影響を及ぼしています。幼虫とチョウを減らさないようにするには、幼虫のえさを十分に確保しなくてはなりません。その地域に生息するチョウの種類と、その幼虫が好んで食べる植物を調べましょう。庭のネトル(セイヨウイラクサ)を抜かずにチョウの産卵用として残したり、育てている野菜を食べられることに目をつぶったり、敵ではなく友だちとして幼虫を見てあげましょう。

11 野菜の皮に新たな活路を

世界全体で生産される食品の3分の1がごみになっています。生ごみを減らす簡単な方法は、野菜くずや皮を捨てるのをやめること。ニンジンの先っちょもタマネギの茶色い薄皮も、ぜんぶ容器に入れて冷凍保存しましょう。容器がいっぱいになったところで鍋に移して20〜40分煮込んだら、すばらしい植物性スープストックができます(プラスチック包装されたスープのもとを買う必要がなくなります)。料理に使うと風味が増し、スープのベースとしても完璧。とてもおいしい解決策です。

インパクト指標

食品を捨てずに再利用すれば1kgにつきCO_2を

2.5kg

削減できます

12 オイル美容液を手づくりする

インパクト指標

化粧品業界から出る廃棄物のおよそ

70%

は容器包装です

毎日のスキンケアやメイクは気分を上げてくれますが、何を使うかは私たちの肌だけでなく、地球にとっても大切な問題です。これからはオイル美容液の手づくりを新しい習慣にしましょう。

オイル美容液の大半は、ホホバやスイートアーモンドなどのくせのないキャリアオイルと、ローズヒップなどの栄養価の高いオイル、そして、抗炎症作用が肌荒れに効くゼラニウムなどのエッセンシャルオイルをブレンドしたものです。

スキンケアアイテムの自作は簡単かつ低コスト。年に何十億個も捨てられている化粧品用プラスチック容器の削減につながるうえ、自分の肌につけるものの正体を知っている安心感も得られます。

13 暮らしを明るく照らすLED電球

インパクト指標

白熱電球1個をLED電球に交換すればCO_2を年間

5kg

削減できます

世界における温室効果ガス排出量の5%は家庭の照明です。私たちの一人ひとりができることをして、この数字を減らしましょう。

例えば、LED電球はフィラメント電球(白熱電球)よりもエネルギー効率に優れ、使用するエネルギーが最大75%少なくて済みます。熱の放出も少なく最長10年間使えるので、長い目で見れば普通の電球より安くつきます。

インパクト指標

8年間で

100本

もの使い捨てロールオンを埋立処分するような未来は避けましょう

14 デオドラント剤は信頼できるものを

体臭はどうしても気になりますね。けれども、制汗スプレーは地球を汚染し、ロールオン（容器の頭部に回転するボールがあり、脇に直接塗れる）タイプのデオドラント剤は埋立処分場に溜まり続けています［日本では直接埋め立てられることはありません］。もっとクリーンな選択肢はないものでしょうか？

制汗スプレーの化学物質は大きな汚染源となりつつあります。化学物質の40％が大気中に放出されるというのは、自動車と同じレベルです。一方、ロールオンタイプはプラスチック製が一般的ですが、分別が難しいのでリサイクルに向きません。詰め替えることを考えましょう。

近年、消費者に直接販売する形式のデオドラントブランドが登場し、詰替用リフィルを提供するようになりました。こうした製品はパーム油不使用で、ヴィーガンにも対応しています。固形バー、パウダー、バームといったタイプには抵抗があり、自作はハードルが高いなら、詰め替えるのが一番です［日本にも同様のリフィル可能なデオドラントブランドが存在する可能性はありますが、一般的であるとはいえません］。

15 マイボトルは1本だけ

マイボトル製造時のフットプリントを相殺するには、10〜20回使わなければならないと知っていましたか？ つい必要数以上のボトルを買ってしまいがちですが、1本つくるにも資源が使われていることを忘れてはいけません。自分にぴったりのボトルを手に入れたら、ほかのボトルには手を出さず、次の年もそのボトルを使い続けましょう（7ページを参照）。

インパクト指標

マイボトルの製造時のフットプリントを相殺するには

10〜20回

リユース（再利用）することが必要です

インパクト指標

月5ポンド

(約1000円)の寄付がスマトラトラを絶滅から救う力になります

16 お釣りの使い道

買い物の端数を切り上げ、お釣り相当の金額を保護慈善団体に寄付してくれるアプリがあります。国連の報告によると、絶滅危機に瀕している植物や動物は100万種にもおよび、その個体数は前世紀より20%減っています。あなたのお釣りで何を守れるか考えてみましょう。

17 毎年の機種変更は必要?

約72.6億人が少なくとも1台のスマートフォンを所有しています。その全員が毎年買い替えたらどうなるでしょう？ 年間の電子廃棄物は、2030年までに現在の2倍の7470万トンに達する予想です。電子機器は複雑な部品のせいでリサイクルが難しく、大部分が埋め立てられるのです。今年は壊れていない限り買い替えないと心に決めましょう。

インパクト指標

スマートフォンが2年間で排出するCO_2の

85%

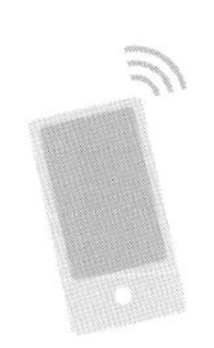

は製造時のものです

インパクト指標

炭酸水メーカー専用ボトル1本でペットボトルを

3000本

削減できます

18 炭酸水は自分でつくれる

炭酸水は炭酸飲料より健康的ですが、プラスチックという大問題はなくなりません。だから、水道水に炭酸ガス(シュワシュワの泡のもと)を注入できる炭酸水メーカーを買うか、蛇口をひねれば炭酸水が出てくる装置を導入しましょう。どちらも再利用可能なシリンダーを使っていて、中のガスが空になったら新しいものと交換できます。

お財布と地球のために車を借りる

買い物とか、猫を動物病院に連れていくときとか、車が必要な場面は確かにあります。でも、マイカーを持つと手間も費用もかかるもの。近ごろ注目されているカーシェアリングのアプリなら、手間なしで車を借りられます。

気軽に車を借りられるようになれば、1台をシェアすることでマイカーを15台減らせます。なお、近距離なら、自転車や徒歩での移動が最も環境に優しい選択です。

インパクト指標

車を所有せずに借りれば、あなたの年間CO_2排出量を

500～725kg

減らせます

水遊び用プールの水はそのままで

裏庭で使う水遊び用プールは、なんと1回平均200リットルもの水を使います。地球のために、これをとことん活用しましょう。

・ホースから水を出しっ放しにせず、プールに必要な量が溜まったら水を止める
・虫やごみが入らないように、毎晩古いシーツをかぶせる
・水を庭や植木の水やりに再利用する
・水遊び用プールはきれいに洗い、正しく保管して長もちさせる（リサイクルはできません）

インパクト指標

水遊び用プールの水を再利用すれば1回でバケツ

20杯分

の節水になります

21 服から布に

インパクト指標

Tシャツを1枚つくるのに
水が

2700L

必要です。
できるだけ
長く使うのが
理想です

Tシャツやズボンがくたびれてきましたか？ カジュアルな安い衣料品はすぐに使えなくなるので、リサイクルショップでも引き取ってもらえないことが多くなりました。ほかの用途を考えましょう。

清潔な古いTシャツやズボンを切れば掃除クロスになります。ストックしておけば、ホコリや食べこぼしを拭くのに使えます。使い終わった後は洗って水洗いして、繰り返し使いましょう。自分で手づくりできるということは、もう市販品（多くはプラスチック製の不織布）を買わなくていいということ。古着のごみ捨て場行きを防ぎ、プラスチックごみも減らせます。さあ、ハサミはどこ？

インパクト指標

シャワーを1分
短縮すれば

10L

の節水になります

22 シャワーの時間を短縮する

お風呂よりもシャワーのほうが水が少なくて済みますが、あくまでも7分以内の場合。アメリカでは1回のシャワーで平均65リットルの水が使われています。

目覚めのシャワーはお気に入りの歌を目安にして、短めで切り上げましょう。1曲の長さはだいたい3分半なので口ずさみながら浴び、歌い終わると同時にシャワーも終了と決めておきます。

節水シャワーヘッドに投資することも検討してください。空気を含ませたり減圧したりして、流量を減らす仕組みです。ありがたいことに水道代も減ります。

インパクト指標

カーボンニュートラルなブランドの板チョコに替えれば1枚につきCO_2を最大

300g

削減できます

23 チョコレート選びは慎重に

サステナブルの追求は自己犠牲を伴うという誤解がありますが、そんなことは決してありません。普遍の喜びであるチョコレートに抱くべき「罪悪感」があるとすれば、それは児童労働や強制労働に目をつぶり、森林伐採につながるパーム油を使い続ける世界ブランドを、そうとも知らず支援していることに対してです。農家と直接つながり、レインフォレスト・アライアンス[人と自然が調和の中で繁栄する世界を目指す、国際的な非営利団体]やフェアトレードの認証を受けたカカオ豆だけを使っている独立系ブランドを探しましょう。

24 植木鉢にもこだわりを

ガーデニングを楽しむのは地球に良いことですよね？ もちろん！ ただし、あちこちで目にするプラスチック鉢は、あまりエコだとは言えません。めったにリサイクルされず、そこらじゅうに転がっています。

その環境負荷を軽減するために今すぐできる5つのことをご紹介しましょう。

・使わなくなったプラスチック鉢を近所の園芸品店に持ち込み、リサイクルしてもらう
・古い鉢を地元のコミュニティガーデンに寄付する
・もう使わない鉢は近所の人に譲る
・堆肥化可能な種まきポットを自作する（44ページを参照）
・インターネット上の園芸グループに加わり、挿し木や種子を交換し合う

インパクト指標

英国では毎年

5億個

ものプラスチック鉢が埋立処分されます。再利用したり譲ったりして減らしましょう

25 脱ファストファッションの誓い

インパクト指標

ファッション産業が
排出している年間

210億トン

もの温室効果ガスを
減らしましょう

買い物でストレスを発散しようとする私たちのせいで、最大の汚染産業であるファストファッションが勢いづいています。毎年1100億点もの衣料品を生産して(過剰生産で多くが埋立場行きとなります)、化学物質まみれの分解されない安い衣料品で地球を埋め尽くしているのです。

今日からファストファッションは買わないと誓いましょう。お気に入りの服を着るのをやめるわけではありません。レンタルするためのアプリ(79ページを参照)から古着まで、エシカルにおしゃれを楽しむ方法は、かつてないほど選択肢が広がっています。

26 コーヒーかすでキノコ栽培

インパクト指標

お湯を通したコーヒーかすを1kg再利用すれば、コーヒー

10杯分

のフットプリントを相殺できます

素朴なキノコがスーパーフードとしてもてはやされています。さまざまな健康効果があり、ビタミンB(リボフラビン、ナイアシン、パントテン酸)の宝庫でもあります。

キノコはコーヒーかすを使って自家栽培できるのを知っていましたか? お気に入りの料理に肉の代替として自家栽培キノコを使えば、肉の摂取量を減らせ、プラスチックのトレイも削減でき、コーヒーかすの使い道も見つかります。これぞ一石三鳥! イギリスのコーヒー愛飲家は年間25万トンものコーヒーかすを捨てているんですよ。それだけあれば大豊作です。

しかも、コーヒーを淹れるときに蒸らすことが低温殺菌になっているので、そのまますぐに土として使えます。

紙のレシートは受け取らない

紙のレシートは一般的にリサイクル不可能だと知っていましたか？ほとんどが感熱紙なのですが、感熱紙はBPA(プラスチックの製造に使われる工業用化学物質、ビスフェノールA)でコーティングされているため、コーティングされていない普通紙と同じようにリサイクルすることができないのです。

イギリスでは年間110億枚ものレシートが発行されていて、そのほとんどが埋め立てられています。今日からできることを考えてみましょう。

・領収書を紙ではなく電子メールでもらう
・レシートや保証書をまとめてくれるアプリを利用する
・お気に入りのブランドが上記に未対応なら、どちらかに対応するよう依頼する

インパクト指標

全米で紙のレシートをやめれば年間

200万kg

のCO_2を削減できます

たかがトイレットペーパーではない理由

毎日およそ2万7000本もの木がトイレットペーパーをつくるために伐採されています。サステナブルを目指すなかであっけないほど簡単にできる選択がありますが、これもその1つ。再生紙トイレットペーパーに切り替えましょう。

再生紙トイレットペーパーはエネルギー使用量が28〜70%少なくて済み、バージン原料も使いません。しかも、紙包装のものや家に直接配送されるブランドの商品を選べば、プラスチック包装も減らせます。次に買うトイレットペーパーは、エコなブランドのものにしましょう。

インパクト指標

再生紙トイレットペーパーに替えることでCO_2排出量を年間

24kg

削減できます

29 乳離れのすすめ

インパクト指標

オーツミルクのCO_2排出量は牛乳の

1/3

です

動物福祉の問題だけではありません。牛乳の生産には、植物性ミルクの10倍の土地と最大20%多くの水が必要なのです。だから、今週は乳製品以外の選択肢を探してみましょう。

オーツミルクはコーヒーにも紅茶にも合い、おまけに北半球に住む人々にとっては最もフットプリントの少ない選択肢です(ジャガイモ、スペルト小麦、エンドウ豆のミルクも要チェックです)。ココナッツミルク、ライスミルクは通常、南半球でつくられています。

ナッツからつくるミルクは、ナッツの栽培方法が環境に大きな負荷をかけているので避けてください。

30 使い捨てカトラリーは断る

インパクト指標

マイカトラリーを繰り返し使えば使い捨てのナイフ、フォーク、スプーンなどを1人年間

75本

削減できます

デリバリーを注文するときも職場用のランチを買うときも、ついつい受け取ってしまうプラスチックのカトラリー。2019年にアメリカで使われたプラスチック製カトラリーは400億本にのぼります。しかも、そのほとんどは軽量すぎてリサイクルできません。竹製のものであっても環境への影響は大きいので、正解はマイカトラリーを持ち歩くようにすることです。

自宅にあるものを一揃い用意する、リサイクルショップでステンレス製カトラリーセットを安く手に入れる、市販の持ち歩き用セット(多くはかわいいポーチなどに入っています)を買うなどして、バッグや車、ベビーカーに常備しておきましょう。

31 靴下について考え直す

インパクト指標

左右不揃いの靴下を気にしなければ年間

60ポンド

(約1万2000円)節約でき、捨てる靴下の数も減ります

たんすに片方だけの靴下がたくさん眠っていませんか？ 2019年には世界全体で2100万足以上の靴下が販売されましたが、靴下は繊維、ゴム、繊維以外のもの(防臭効果のある銀など)が混在しているため、環境に打撃を与えます。

今日から一歩踏み出し、片方だけの靴下も履きましょう。左右不揃いでも問題はありません。どうしても抵抗があるなら、ウールの靴下を愛用してください。環境への影響が少なく、修繕も簡単です(63ページを参照)。

32 個人年金にも地球のために働いてもらう

自分の老後資金のためだけでなく、地球のためにも投資を行うことを考えましょう。2018年の調査によれば、世界中の年金運営組織のうち、化石燃料へ投資しないと公表しているのはわずか15%でした。

今や、ESG(環境、社会、企業統治(ガバナンス))投資や社会的責任投資が注目されだし、私たちは今まで以上に自分のお金をどこに、どのように投資するか選ぶ力、地球に優しい企業を成功に導く力を発揮できるようになっています。

もちろん自ら調べ、自分の倫理に適(かな)った投資先であることを確認するのは必須です。今週は自分の資金の管理・運用している、銀行、年金基金、預金口座管理者などに、どのような投資先に資金提供しているのか尋ねましょう。

インパクト指標

飛行機を使わず、ベジタリアンになり、グリーンなエネルギー会社と契約し直すよりも、グリーンな年金は

21倍

も効果的にCO_2排出量を削減できます

33 地球に優しい生理用品

全人類の50%が人生の一定期間に生理用品を使っているのですから、そろそろ不快な真実と向き合いましょう。プラスチック製の生理用品が使い続けられることに、この地球はもう耐えられないのです。イギリスでは毎年20億個の生理用品(タンポンなど)がトイレに流されていて、その多くがマイクロプラスチックになります(60ページを参照)。代替品への移行を考えたいなら、簡単にできる次の3つを試してください。

・オーガニックコットンのタンポンに替える
・繰り返し使える生理用品に投資する――下着1枚で使い捨て生理用品200個の代わりになります
・シリコン製の月経カップに挑戦する――きちんと手入れをすれば数年間使えます

インパクト指標

使い捨て生理用品をやめて繰り返し使える月経カップにすれば環境へのインパクトを

98.5%

削減できます

34 エコバッグはもう買わない

イギリスでは2019年にプラスチック製の「bag for life(一生使えるバッグ)」が15億個も売れました。戸棚に何個も眠らせている人も多くいます。繰り返し使えるものなので1つだけ持ち、それを何度も使うのが望ましいのですが、実際にそうしている人はほとんどいません。

こうしたバッグは厚みがあるため、製造には通常のレジ袋の3倍ものプラスチックとエネルギーを要するうえ、何百年とかけてマイクロプラスチックになります。どんなに惹かれても新しいエコバッグは買わない。これを今日の――これからの――決め事にしましょう(かわいい綿のトートバッグも同じです。117ページを参照)。

インパクト指標

厚手のプラスチックのバッグは最低

12回

使わなければ製造時のCO_2排出量を相殺できません

自家製ハーブティーのすすめ

ティーバッグが発明されるずっと前から、私たちはハーブティーを楽しんできました。だから、今日からは季節のハーブや植物で癒やしの一杯を手づくりしませんか？

ハーブは日当たりの良い窓辺（24ページを参照）やバルコニーで簡単に育てられますし、自分で育てた植物でお茶を淹れれば安上がりで低プラスチック、廃棄物も少なくて済みます。次のような自家栽培ハーブティーに挑戦してみましょう。

・ミント：消化を助ける
・セージ：血糖値の上昇を抑制する
・ラベンダー：安眠効果がある
・レモンバーベナ：不安や緊張を和らげリラックスさせる

インパクト指標

ティーバッグから自家栽培のハーブティーに替えれば1杯につきCO_2を

48g

削減できます

庭を野生に戻す

屋外を「野生」に戻して、もっと地球に優しい空間をつくりましょう。

庭があるなら簡単な池をつくり、虫や鳥を喜ばせてあげましょう。フェンスには穴をあけて、野生生物が自由に移動できるようにします。落ち葉や枯れ木を腐らせれば、土壌が豊かになります。堆肥づくりも始めましょう。

バルコニーがあるなら、在来種の野花を鉢で育ててミツバチを呼び寄せましょう。バルコニーを縦方向に活用すれば花だけでなくエンドウ豆、インゲン豆、トマトなども育てられます。また、集合住宅や小さな家でも活用できるコンパクトサイズのミミズコンポスト(61ページを参照)もあります。

窓辺しかない場合も、窓の外や内に好きな大きさの容器を置いてハーブを育てられますよ。

インパクト指標

庭に1m²の池をつくれば
CO_2を年間

247g

吸収してくれます

使い捨てバーベキューに終焉を

バーベキューは気をつけなければ環境に深刻な影響を与えます。この夏、一度きりの使い捨てバーベキューコンロはもう買わないと誓いませんか？

使い捨てバーベキューコンロには通常、サステナブルでない方法で調達された炭が使われています。しかも、その炭を燃やすと炭素が放出されます。さらに、使い捨てのプラスチックで包装されているうえ、リサイクルすることもできません。

繰り返し使えるバーベキューコンロ(自宅で使うならガス式)に替えましょう。さらに望ましいのは、プラスチックフリーのピクニックを楽しむことです。

インパクト指標

あるスーパーマーケットは全店で使い捨てバーベキューキットの販売をやめて約

35トン

の包装を削減しました

38 マイカップは繰り返し使ってこそ

インパクト指標

製造に要したエネルギーと原材料を相殺するため
マイカップは

20回

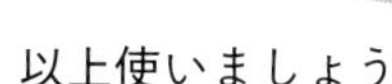

以上使いましょう

マイカップをお持ちの方は手を挙げてください。すばらしいですね。では、それをどれくらい使っていますか？ 使い捨てより優れていると言えるのは、実際に使っている場合だけです。

・使い忘れないように机の上に出しておく
・マイカップを持っていないときはコーヒーを我慢する
・自宅で淹れたコーヒーを持って出る

マイカップを持っていないなら、真空構造のステンレスボトルで代用しましょう。飲み物を保冷することも保温することもでき、もちろん水用のマイボトルとしても使えます(7ページを参照)。

39 歯ブラシを使い倒す

インパクト指標

私たちのほとんどは
生涯で

300本

の歯ブラシを使います。できるだけ長く使って環境への影響を減らしましょう

すでに何十億本もの歯ブラシが埋め立てられているのに、まだ増やしますか？ 毎日の必需品である歯ブラシは、排水溝や目地のような細かい場所の掃除にうってつけで、ジュエリーの手入れ(127ページを参照)にも便利です。

プラスチックは熱湯に浸ければやわらかくなるので、好きな角度にできます。慎重に曲げて、掃除しやすい角度にしてください。

40 スマートフォンの使い方を見直す

インパクト指標

月に1日、スマートフォンの電源を切って過ごすことで、あなたの年間炭素排出を

240g

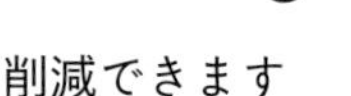

削減できます

スマートフォンのカーボンフットプリントの25%は通話、チャット、メール、ネット検索によるものですが、実は内訳のほとんどがデータなのです。使い方を見直しましょう。

・チャットはやめてデータをあまり使わない電話にできないか？
・Wi-Fiを使った通話はやめて普通の電話にできないか？
・データ使用量を減らすためにチャットからメールに替えられないか？
・あなたの国にカーボンニュートラルまたはカーボンマイナスの電話網はないか？

41 あなたのカーボンフットプリントは?

インパクト指標

デジタルで保存するものを減らし、水曜日は小麦粉なしと決め、週に一度は車をやめて自転車にすることで、あなたの年間カーボンフットプリントを

210kg

削減できます

あなたの家から毎日どれだけの炭素が排出されているか、ご存知ですか？ ゼロは無理でも減らすことはできます。その第一歩は、問題の大きさを実感するところから。ネット上のサービスを使えば、今では簡単に個人レベルのCO_2排出量を計算できるので、今日は自分のフットプリントの大きさを把握しましょう。

算出にあたって考える必要があるのは、いつもの移動手段、住居の種別、エネルギー消費量、食べているもの、買っている一般消費財など。自分の炭素排出量の大半を占めるものを把握したら、削減するための方策を検討できるようになります。

インパクト指標

メイクを落としに使い捨てのシートやコットンを使わない

53%

の人に加わりましょう

42 メイク落としパッドを手づくりしよう

化粧をする人の約47%が使い捨てのシートやコットンを使ってメイクを落としていますが、そうしたごみは排水溝をふさぎ、分解されず、海洋生物に死をもたらします。簡単につくれ、何千回と再利用できるメイク落としパッドを手づくりしましょう。

1. やわらかい綿の生地か古いTシャツを使います。
2. 手のひらより一回り小さく丸く切り、2枚重ねて端を縫い合わせます。
3. 使用後は毎回いつもの洗濯物と一緒に洗い、繰り返し使います。

43 長もちする傘を買おう

安物の傘で横殴りの雨と戦うあなた。また傘が裏返ってしまいましたね。これまでに何本の傘をダメにしましたか？ 世界では毎年10億本もの傘が捨てられています。つまり、地球上の8人に1人が傘を捨てていることになります。

生涯保証のある傘や修理可能な傘に投資しようではないですか。ことさら風の強い地域に住んでいるなら、しっかりしたフード付きの上質レインコートのほうが賢いかもしれません。いずれにせよ、耐久性と持続可能性を考えて選びましょう。

インパクト指標

安いプラスチック傘の購入を思いとどまるたびに、ストロー

200～300本

相当の環境負荷を削減したことになります

44 寝具は高くてもオーガニックのものを

きれいなシーツに寝そべることが嫌いな人などいません。でも、そのシーツがどうやって、どんな素材から、どんな化学物質を使って製造されたか考えたことはありますか？ 高品質でオーガニックな寝具に投資して大切に使えば、長い目で見れば節約にもなります。

有機栽培された天然繊維（綿、リネンやヘンプといった麻）を探し、できればフェアトレード認証を受けたものを買ってください。そうした寝具は通気性に優れているうえ、有害物質を含んでいません。また、つくっている人々が適切な待遇と報酬を得ていることも意味します。

インパクト指標

オーガニックコットンは一般的な綿製品に比べ、水の汚染が

98%

軽減されます

インパクト指標

固形シャンプーを1つ買えば使い捨てプラスチックボトル

3本

の削減になります

45 プラスチックフリーのシャンプーに切り替え

イギリスの家庭からは、ヘアケア関連のプラスチックボトルが年に平均216本も捨てられています。その多くはリサイクルが難しく、焼却されるか、埋立地に450年も眠る運命です。

プラスチックフリーの選択肢はいろいろ揃っているので、髪を洗うのに忙しくて……などという言い訳はききません。次のどれかを試してみましょう。

・固形のシャンプー、コンディショナーに替える
・ゼロ・ウェイストの店で手持ちのボトルに補充する
・濃縮タイプのシャンプーやコンディショナーを購入し、手持ちのボトルで希釈する
・リサイクル可能なパウチ入りの詰替用ヘアケア製品を自宅に届けてくれる定期購入サービスを利用する

自作のおやつで愛犬も大満足

2020年から2021年にかけて、アメリカとイギリスにおける飼い犬の数は11%増加しました。それに伴い、肉を使ったペットフードの需要も増えています。

猫は肉を食べる必要がありますが、犬の大半は肉なしで大丈夫です。野菜やヴィーガン素材でつくった安上がりで簡単なおやつを喜んで食べてくれることでしょう。愛犬の好みやアレルギーを考慮して、手軽につくれるレシピをネットで探してみてください。

インパクト指標

世界で生産される肉の

25%

が犬と猫のペットフードに使われています

インパクト指標

洗濯の回数を減らせば洗濯で発生するマイクロプラスチックを年間

400g

減らせます

部分洗いの誓い

部分洗いで済むなら、洗濯機で洗うのはやめましょう。トップスやボトムスについた小さな汚れなら、洗濯機に放り込まなくても、部分洗いやしみ抜きで落とせます。

まず、洗濯用の洗剤を指か清潔なタオルにとり、汚れに塗ります。頑固な汚れには、歯ブラシで優しく擦り込んでください。デリケートな生地はそっと慎重に。その後、冷水ですすぎます。

こうしなければならない理由？ 毎年、1人当たりレジ袋80枚分ものマイクロプラスチックが河川に流出しているからです。合成繊維の衣料を洗濯すればするほど、マイクロプラスチックが流れ出ます。そして、その行き着く先は私たちの食事、血液、海洋なのです。

飛行機の利用に良心を

航空機は地球温暖化に5%の責任があります。カーボンニュートラルなフライトというものは存在しませんが、定員とルートによってCO_2排出量は異なります。飛行機のチケット予約サイトの多くでは、どの航空会社のどの便のCO_2排出量が平均以下かがわかるようになっているので、排出量が最少のフライトを選んで、その需要喚起に貢献しましょう。

インパクト指標

ロンドン発
ベルリン行きの
フライトを使わなければ

600kg

のCO_2を削減できます

夕食もゼロ・ウェイストで

今週の夕食は何も捨てないと誓いましょう。食べ残しゼロを目指して適正な分量をつくり、残ってしまったものは冷凍するか、再利用しましょう。

インパクト指標

毎年1人当たり

312kg

の食べ物を無駄にしています

風呂敷でクリエイティブに

イギリスだけでも毎年36万5000kmのラッピングペーパーが使われていますが、ほとんどがラメ加工やメタリック加工、プラスチックを使ったコーティングなどのせいでリサイクルできません。今週は日本の風呂敷について知りましょう。風呂敷で品物を包めば、次のギフトはよりエコなものになります。

インパクト指標

ラッピングペーパーが
1kg減ればCO_2排出量は

3kg

減ります

51 職場にもっと緑を

在宅で仕事をしている人もオフィスにいる人も、周りに緑を増やすことで複数のメリットを享受できます。観葉植物は空中の有害物質を吸収し、天然の空気清浄機として働くうえ、気持ちと集中力も高めてくれます。イギリスの研究によると、目に入るところに植物があれば生産性が38%アップするとのこと。職場にもっと緑を増やすために、同僚と挿し木を交換し合ってはどうでしょう?

インパクト指標

24時間ごとのスマートフォン充電によるCO_2排出量は植物

30株

で相殺できます

浴槽のお湯を減らす

インパクト指標

お風呂の水位を低めに設定すれば

5L

[日本では1日あたり20～30リットル]の節水になります

1回の入浴で使われる水は80リットル[日本では200リットル前後]。家庭で使う水の73%がバスルームで使われています。

地球に優しい入浴のためにできることを3つご紹介しましょう。

・節水のために浴槽のお湯を少なめに張る
・泡風呂はやめて残り湯(生活排水)を水やりに使う(8ページを参照)
・湯船とシャワーを交互にする(16ページを参照)

53 卵の殻をナメクジ除けに

卵の殻はミミズコンポスト(61ページを参照)に入れるだけでなく、砕いて花や野菜の根元にまき、ナメクジやカタツムリ除けとして使うこともできます。

砕いた卵の殻をしっかり乾かし、大切な植物を囲むようにまいてください。先の尖った破片でぐるりと囲んでおけば天然の駆除剤となり、害虫が寄りつきません(ナメクジやカタツムリを殺すわけではなく、鋭い先端の痛さで侵入を阻止します)。

インパクト指標

ナメクジ駆除剤は鳥やペットにも有害

なので、
天然のもので
植物を守りましょう

インパクト指標

利益の1割以上を慈善事業に寄付している企業は
B Corpのほうが
非B Corpより

68%

多くなっています

54 買うなら「B Corp」から

世界には4500ものB Corp(Bコーポレーション)があります。B Corpマークは利益を追求するだけでなく、地球と人の支援を約束しているサステナブル企業に与えられます。信じるに足る国際的な認証なのです。

B Corp認証を受けたブランドを選ぶことは、エシカルな世界を支える簡単な方法です。保険会社や銀行からオーツミルクやチョコレートの生産者まで、さまざまな企業がB Corp認証を受けています。お気に入りの製品の製造元がBコーポレーションでない場合は、代わりのB Corp製品を探してみましょう。

インパクト指標

マヨネーズを30g手づくりすれば車の走行

1.5km

相当のCO_2を削減できます

55 マヨネーズは手づくりが一番

手づくりマヨネーズはとても簡単です。材料もすべて買い置きがあるかもしれません。ネットで探せば、卵黄（またはヒヨコ豆の缶詰の汁）、ヒマワリ油、ディジョンマスタード[白ワインを混ぜてつくられるマイルドなマスタード]、白ワインビネガーかレモン果汁少々を混ぜ合わせる一般的なレシピが見つかります。再生ガラスのびんに入れて冷蔵庫に保管すれば3日（卵黄を使わない場合はもっと長く）もちます。

自家製マヨネーズは、市販品を買うより安く済むばかりではありません。使う量だけつくれるので、食品廃棄物の削減にもつながります。

56 エコホテルを選ぼう

ホテルのサステナビリティへの取り組みには、かなりの進歩が見られるようになりました。中でも、昨今のエコホテルはこの世で最も美しくてゴージャスで、お財布にも優しい部類に入ります。選ぶ際にチェックすべき点を確認しましょう。

・地元のコミュニティを支援している
・ネットゼロ（カーボンニュートラル）を約束し、脱炭素への道のりを公表している
・再生可能エネルギーを使用し、廃棄物削減に取り組んでいる
・旅や体験の側面で地元のアーティスト、ツアーガイド、レストランと協力し合っている
・寄付や社会還元を実施している

インパクト指標

普通のホテルではなくエコホテルに宿泊すれば、1週間でプラスチックを

350個

減らせます

57 責任ある自己採食

インパクト指標

食べられる
植物のうちの

99%

は十分に利用されず、わずか30種の植物が私たちの食べているものの95%を占めています

口にする野菜や果物の多様性を高めることは良いことです。また、自然の中で過ごす時間を増やし、手ずから食物を採集し、食べられる種の見分けや発見に集中することには、マインドフルネスやメンタルヘルス上の効用もあります。これから自己採食を始めるなら、以下を心に留めておきましょう。

・自国のルールを知っておくこと——個人の楽しみとしての手摘みを許可している国がほとんどですが、最初に確認しておきましょう
・使う分だけを採取すること
・丸ごと引っこ抜かず、必ず根は残しておくこと
・ほかの種の食べるものや住まいを奪っている可能性を考えること

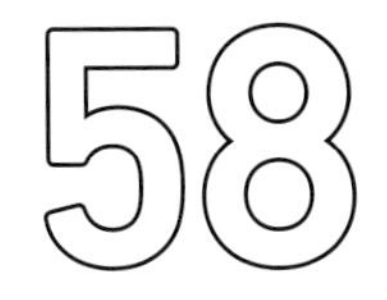

58 洗車をもっとグリーンに

インパクト指標

丸ごと洗車せずに
汚れた箇所だけ洗えば、

400～500L

の節水になります

洗車をもっと環境に優しいものにすることは、誰にでもできます。

・本当に必要なときだけ洗車し、それまでは汚れている箇所だけを洗う
・ホースで洗わずにバケツの水を使う
・河川や海にマイクロプラスチックが流れ込まないよう、マイクロファイバーの洗車用ミトンは避ける（68ページを参照）
・排水に有害な化学物質が入らないよう、生分解性の石けんを使う
・生活排水（8ページを参照）や水遊び用プールの水（15ページを参照）を再利用する

インパクト指標

プラスチックで包装されたアボカド2個をバナナ1kgに替えればCO_2を

400g

減らせます

アディオス（さよなら）、アボカド

アボカドブームには終わりが見えません。でも、あなたの大好物、アボカド載せトーストのカーボンフットプリントは、かなりのものなのです。みんなが大量に求めるせいで農家に圧力がかかって森林伐採が進み、メキシコや中米の手頃な主食だったアボカドは、今や高コストの作物になってしまいました。水を欲しがるアボカドの木のために1日95億リットルもの水をくみ上げるので、メキシコでは水位まで変わりました。選択肢として、ブロッコリー載せトースト、カボチャとカボチャの種のブリオッシュ、あるいは素朴なバナナのサンドイッチなども取り入れてみては？

洗濯機を賢く使う

インパクト指標

週に一度、高温設定をやめて30℃で洗濯すれば

40%

の節電になります

自宅の洗濯機の設定を理解している方はいらっしゃいますか？ そろそろ理解したいところですね。というのも、洗濯機は年間190億m^3もの水と、6200万トンもの温室効果ガス（CO_2）を排出しているのですから。さらに、海洋生物にダメージを与える洗剤の問題や、マイクロプラスチック（68ページを参照）の問題もあります。

幸いなことに、あなたにできることはたくさんあります。

・高温の設定をやめて30℃[常温]で洗濯する
・衣類は部分洗いする（29ページを参照）
・ジーンズは常温の水で洗う（176ページを参照）
・デリケートな衣類は手洗いする

61 堆肥は泥炭（ピート）を含まないものを

市販のガーデニング用堆肥に泥炭が含まれている場合がありますが、泥炭は貴重な資源なので、もともとの場所にそのまま残しておかなければなりません。世界中の陸地のたった3%しかない泥炭地が、世界中の炭素の42%を閉じ込めているのです。しかも、泥炭は水を濾過し、洪水を防ぎ、多様な生物が棲まう生態系を支えています。

だから、強い味方である泥炭地を保存するために、泥炭を含まない堆肥を買いましょう。堆肥売上高の70%を占めるほど流通しているので、簡単に手に入ります。

インパクト指標

泥炭地は同じ面積の熱帯雨林の

5倍

もの炭素を
貯蔵しています

インパクト指標

ミートフリー・マンデーを
1年間続ければ、車を

1カ月

使わない場合に相当する
CO_2を削減できます

62 肉なし月曜日

温室効果ガス排出量の14.5%が食肉生産によるものだということを知っていましたか？ 世界中の陸地の3分の1が畜産に使われていることはどうですか？

肉の摂取量を減らすことは地球にも、あなたの健康にも良いことです。だから、たとえば月曜日はミートフリーと決めてみましょう。肉を使わない野菜料理は安くつき、準備も簡単なので、チキンマサラの鶏肉をヒヨコ豆で代用したり、チリコンカンを牛肉ではなく野菜でつくったり、あるいは、ピーマンとパスタのオーブン焼きなどで家族のお腹を満たしましょう。

インパクト指標

Ecosiaを使って検索するたびに木を

1本

植樹するための資金が生まれます

63 検索エンジンを替える

意外かもしれませんが、インターネットの検索エンジンにもエコなものがあります。いつものブラウザをEcosia(エコシア)に替えてみませんか？ Ecosiaは検索やクリックによる収益を、大規模な植樹のための資金に充てています。

さまざまなデバイスとプラットフォームに対応していて、インストールも簡単。一度設定すれば、あとはそのブラウザを使うことが地球を再びグリーンにする力になります。

64 靴のステップアップ

高機能なスニーカーや流行のヒールに夢中になることは、使用済みの靴の山を築くことにほかなりません。多様な素材の組み合わせでつくられているため、ほとんどの靴はリサイクルできません。アメリカだけでも1年に3億足が捨てられています。

次に靴を買うときは一歩先んじて、使われている素材をしっかり確認しましょう。できれば再生プラスチックを使っているものは避け、生分解する以下のような天然素材のものを探してください。

・草木染めの皮革
・コルク
・ウール
・ヘンプ(大麻)
・藻類
・ココナッツコイア[ココナッツの外皮から採取された繊維]
・フルーツレザー

インパクト指標

米国で毎年

3億足

も廃棄されているリサイクルできない靴を減らしましょう

65 裏庭でバードウォッチングを楽しむ

バードウォッチングがまた流行っていますね。あなたにも楽しんでほしい理由があります。

まず、自然の中で野鳥を観察することは、ストレスや不安を軽減し、しなやかな強い心を養い、集中力を高め、活力を与えてくれます。また、自然のすばらしさを受け止めることで、その保護のためにもっと力を注ぎたい気持ちになります。さっそく以下の手順で始めてみましょう。

・ネットで地元の野鳥観察グループを見つける
・周辺で見ることのできる鳥がわかる「フィールドガイド(携帯用観察図鑑)」をダウンロードする
・1年のいつ頃にどんな鳥が見られたか記録する

インパクト指標

英国の「ビッグ・ガーデン・バードウォッチ」というイベントでは1カ月のあいだに

767万羽

の野鳥が観察されました

66 掃除機を使わない選択

インパクト指標

掃除機を1時間かける代わりに掃き掃除をすれば

1.44kW

の節電になります

エネルギー使用量を減らし、見るも恐ろしい電気代を節約する非常に簡単な方法があります。かたい床に掃除機をかけるのをやめることです。

昔ながらのシンプルなほうき、ちりとり、ブラシなどでも、コンセントにつないだ掃除機と同じことができます。いずれは壊れ、買い替えることになる掃除機。使うのをやめれば、永遠に続く買い替えループから抜け出せるかもしれません。

使い捨て包装をなくすために

67

インパクト指標

レジ袋を1枚断ることで車の走行

115m

相当の石油を削減できます

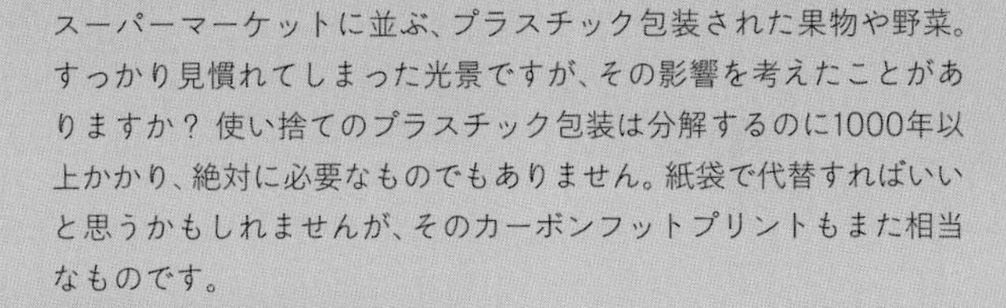

スーパーマーケットに並ぶ、プラスチック包装された果物や野菜。すっかり見慣れてしまった光景ですが、その影響を考えたことがありますか？ 使い捨てのプラスチック包装は分解するのに1000年以上かかり、絶対に必要なものでもありません。紙袋で代替すればいいと思うかもしれませんが、そのカーボンフットプリントもまた相当なものです。

だから、包装された野菜は避け、お店（地元のゼロ・ウェイストの店――6ページを参照）にそのまま置かれている果物や野菜を求め、リユース可能なプラスチックの袋、オーガニックコットンの袋、細かいメッシュの袋などで持ち帰ってください。

使い捨ての包装はどんなものであれ可能な限り使わないようにして、できるところは繰り返し使用できるものに替えていきましょう。

近くの リペアカフェを探す

簡単な電気製品や自転車の修理（リペア）方法など、ちょっとした裏ワザを教えてもらえるオープンな場所を想像してみてください。それがリペアカフェです。

このような技術を伝える店が、世界各地に生まれています。たいていは月1回、あるいは週1回という限定開設ですが、そこに行けば技術を教えてもらえ、自分で何か(例えばトースター)の修理に挑戦できるのです。修理の腕が上がり、愛用の製品を長く使えるのですから、嬉しくならないわけがありません。

インパクト指標

新調せずに修理すれば
1点につき最大

24kg

のCO_2を
削減できます

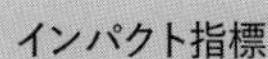

植物由来のガムを選ぶたびに、ストロー

1本分

のプラスチックが海洋に流れ込むのを防げます

これでもまだ プラスチックを噛む?

チューインガムの主流は、プラスチックとゴムから製造されたものです。マイクロプラスチックが海にしみ出るようなプラスチックも使われています。だから分解されず、舗道にこびりついているのです。

代わりに、植物由来の生分解性ガムを選びましょう(包装もプラスチックでないものが理想的)。魔法の成分、チクル(サポジラという木の樹液)を使い、ガムのような噛み応えが実現されています。

基本に立ち返った窓拭き

プラスチックを使わないエコなわざで、窓をぴかぴかにできます。化学物質満載の高価なガラス用洗剤はやめて、基本に戻り、新聞紙とホワイトビネガーを使いましょう。

まず、古いTシャツを切った布（16ページを参照）を乾いたまま使い、窓の埃を拭き取ります。次に、同量の温水とホワイトビネガーを混ぜ合わせ、再生スプレー容器に入れます。あとは通常のガラス用洗剤と同じ要領で吹きつけ、新聞紙で拭きあげてください。

インパクト指標

ニュージーランドでは
毎年

1000万本

のプラスチック製スプレー容器が埋め立てられています

71 エコな嘆願活動に加わる

問題視していることについて声を上げるのが、かつてないほど簡単になりました。オンライン署名運動は美徳アピールのように感じられたりもしますが、時にはそれが現状を打破し、真の変革へと進む力となります。また、政治家にとっては、その問題に強い関心を持つ人の数を把握する便利な指標でもあります。共通の信条のために集結することで個々の声が拡大し、大きな力を持つのです。

オンライン嘆願書への署名にたいした時間はかかりませんし、費用も不要。自分が重要だと思う問題を前進させるために、あなたの力を寄せる入口となってくれます。

インパクト指標

220万人

の署名を集めた
嘆願書を受け、
EUはプラスチック汚染を終結させる条約を採択しました

72 キッチンペーパーは繰り返し使えるものを

インパクト指標

北米だけでキッチンペーパーのために毎日

5万1000本

の木が伐採されています

現代の奇跡のように思えるキッチンペーパーは、地球にとっては真の疫病神です。森林伐採を招き、生物多様性を損ね、生分解時には漂白剤の化学物質が水路に浸出します。

今週は使い捨てキッチンペーパーをやめて、何度も繰り返し使えるものに替えませんか？ 1枚ずつになっているもの、ロール状で切り離して使うものなどがあり、何十回と洗って、使えるだけ使ってから新しいものに交換します。

サラダの水気を取る、豆腐の水切りをするといった用途なら、清潔なふきんがいいでしょう。もちろん繰り返し使えます。

73 使用済みマスカラは寄付できる

インパクト指標

毎年

3.18億本

ものマスカラが埋め立てられています

2018年に全世界で68億ポンド（約1兆4000億円）相当のマスカラが販売されましたが、使用後はそのほとんどがごみ箱行きです。

でも、使用済みの清潔なマスカラブラシは、動物保護施設でハリネズミなどの小動物の毛をとかしたり、気持ちを落ち着かせたりするのに使えます。近くの動物保護施設で使用済みマスカラを回収していないか確認してみましょう。

74 吸血鬼ショッピングはもうおしまい

深夜のネット検索、ワンクリックボタン、返品無料。これらは営業時間外の衝動的な買い物を増やす要因です。夜にネットで買い物をする人のほうが、昼間に店で買う人より20%も多く買っていると聞いても、驚きません。

でも、商品を運んだり返品を引き取ったりする車は排気ガスを出しますし、毎年30億本の木が、8600万トン以上の梱包材に化けています。また、多くのブランドは返品された商品は販売しません。焼却や廃棄のほうが低コストだからです。今度からは買い物かごに入れたら一晩寝て、昼間に再考しましょう。

インパクト指標

英国の吸血鬼ショッパーは未返品や不要品で年間およそ

52ポンド

（約1万円）

無駄にしています

75 本物のはちみつを買う

ろ過されていない生はちみつは、ミツバチからの甘い贈り物。そう思っていますが、悲しいかな、スーパーマーケットで売られている「はちみつ」の中には添加物と着色料まみれのものもあります。ミツバチの集めた花粉も（これがあるから体に良いのに）、賞味期限を延ばすために取り除かれています。

これらの商品は、ミツバチに優しくない製法でつくられている場合もあり、はちみつ採取後にミツバチが死んでしまう、処分されるといったこともあります。だから、このような偽物には手を出さず、地元の生産者から本物を買いましょう。そのほうがおいしいだけでなく、地元のミツバチの個体数を維持することにもつながります。

インパクト指標

ミツバチの1つのコロニーは毎日

3億

の花を受粉させることができます

種まきポットを手づくりする

読み終わった新聞紙を手軽に使える種まきポットに変身させて、エコなガーデニングを楽しみませんか？ 新聞紙は多孔質で水はけに優れ、生分解して土に還るので、新聞紙ポットごと地植えすることも可能です。以下の手順を参考に手づくりしてみましょう。

1. 細長く切った新聞紙をコップに巻きつけ、生分解性のテープで固定します。
2. 筒状になった新聞紙の下端を折ってコップの底で重ね、テープで固定します。
3. コップを抜き取り、完成した新聞紙ポットの3分の2まで泥炭を含まない堆肥（36ページを参照）を入れ、種をまきます。

インパクト指標

週末の新聞紙のカーボンフットプリントは

4.1kg。

再利用しましょう

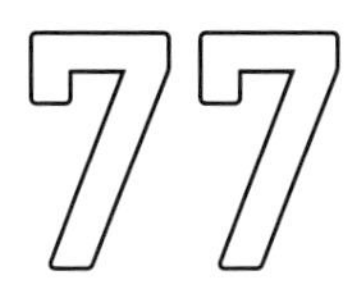

使い捨てたプラスチックを把握する

使い捨てプラスチックを生活から一掃するのは難しいことですが、自分が何を最も多く捨てているかを把握することで、意外な発見が得られるかもしれません。

まず、問題の大きさを把握しましょう。1週間、使い捨てプラスチックのごみをその他のごみと分けて捨て、集めます。どんな小さなものも見逃さず、正直に。週の終わりに似たものグループに分類して、自問自答してください。

・何が一番多い？
・プラスチックフリーのものへの置き換えは可能？
・リサイクルできるものはどれ？ できないものはどれ？

インパクト指標

英国の家庭が1週間に捨てるプラスチックごみは平均

66個。

半分に減らせませんか？

食品ロス削減アプリを活用する

仕事終わりの夕食は手早く安価に済ませたいもの。手っ取り早く食事をしたい人と、カフェやレストランの廃棄するしかない余剰食品を結びつけるアプリが複数あります。

食品廃棄物から排出される温室効果ガスは全体の10%を占めるので、私たちはあらゆる機会をとらえ、何の問題もない食品がごみ箱行きとなるのを阻止しなくてはなりません。あらかじめオーダーしておけて、安上がりで、お皿洗いも不要。便利ですね。

インパクト指標

あなたの次の食事を食品ロス削減アプリで探せば

2.5kg

のCO_2削減になります

ボディスクラブを自作する

この週末はボディスクラブを手づくりして、自分を磨きあげましょう。シンプルな自作スキンケアアイテムを再利用可能なびんや容器に詰めれば、合成化学物質も不必要な包装も避けられます。

白砂糖、コーヒーかす、塩といった天然素材をキャリアオイル(ホホバ油、ココナッツ油など)に混ぜるだけで、市販のものにも負けないボディスクラブになります。再生素材でできた密閉容器に入れておけば、最長で半年もちます。

インパクト指標

パッケージのために毎年

1800万

エーカー(7万3000km^2)の森林が伐採されています

80 にっこり、はい、チーズ!

ハードチーズは冷蔵庫で正しく保存すれば、思っている以上に長もちします。蜜蝋ラップやソイラップ(67ページを参照)で包んで密閉容器に入れ、冷蔵庫の最上段に置きましょう。これで食べ切るまで大丈夫なはずですが、食べる前には必ず匂いを確認してください。

インパクト指標

チーズ100gを無駄にしなければ車の走行

14.2km

相当のCO_2を削減できます

81 植物中心の食事に挑戦する

インパクト指標

世界中が植物中心の食生活にシフトすれば、温室効果ガスは

70%

削減できます

植物をメインに摂れば地球への影響が少ないとわかっていても、肉と乳製品を一度にやめるのはハードルが高いかもしれません。それなら今週は、食事の半分を菜食にすることを目標にしませんか？ 1週間は21食。つまり、二酸化炭素排出量を減らすチャンスが21回あるわけです。しかも、果物や野菜をたくさん食べられて、お金の節約もできます。

82 ボカシはいかが?

コンポストをつくるスペースがないなら、ボカシに挑戦してみましょう。ボカシというのは、狭さと食品廃棄物に対する日本の解決策です。小さなバケツに生ごみと発酵促進剤を入れて混ぜれば、ほんの何日かで生ごみが堆肥になります。キットが市販されているほか、バケツ2つと発酵促進剤を用意して自分でつくることもできます。

インパクト指標

ボカシ肥づくりに取り組めばCO_2を1週間当たり

1.1kg

削減できます

トイレの話

トイレが使う水は、家庭で日々使う水の量の最大30%を占めます。大と小のレバーを正しく使い分ける、1回流すのに使う水量を減らす装置を利用する、水漏れしていないか確認するなど、節水に取り組みましょう（最も気をつけたいのがタンクの底のフロートバルブ。ここに問題があれば便器内に水が漏れ続けます）。

インパクト指標

小レバーを正しく使えば
一度流すごとに最大

9L

の節水が可能です

スーツケースは一生使えるものを

スーツケースはリサイクルできないので、環境に配慮している商品とは言えませんでした。新しいものを買うなら、何十年ともつエコなものを探しましょう。

ABS樹脂などの再生素材か再生ペットボトル100%、あるいはコルクのようなサステナブルな素材を使っているものを選んでください。生涯保証がついているかどうか、修理規定がちゃんとあるかも要チェックです。長い目で見ればお金の節約にもなります。

インパクト指標

英国では毎年約

67.3万個

のスーツケースが
販売され、
そのほとんどが
埋立処分されています

85 ストリーミングは意識的に

大好きなテレビ番組や映画のストリーミングサービスも炭素を排出しています。遠隔地のサーバーからあなたのパソコンやスマートフォンにデータを流し続けるのに、膨大なエネルギーが必要なのです。しかも、たいていの人は長時間、むさぼるように何話も見続けるので、とんでもないフットプリントになります。映画、テレビ番組、ポッドキャストなどはダウンロードして、オフラインで楽しみましょう。視聴が終わったら削除するのも忘れずに(106ページを参照)。

インパクト指標

TV番組1本をストリーミングではなくダウンロードで視聴すれば

CO_2

55g

の削減になります

86 パンは捨てない

インパクト指標

米国で製造されたパンの

1/3

が廃棄されています

どの食品よりも多く捨てられているパンですが、ごみ箱行きから救う方法はたくさんあります。

残ったパンをスライスして冷凍しておけば、いつでもすぐに焼いて食べられます。また、干からびてしまったパンの端は細かく砕いてパン粉にしましょう。ロメスコソース[ナッツや赤パプリカでつくるスペインのソース]の材料やマカロニグラタンのトッピングにぴったりです。

干からびてしまったパンは、三温糖などが固まったときにも活躍します。小片を砂糖壺に入れてみてください。ミミズコンポストに加えてもいいでしょう(61ページを参照)。

インパクト指標

1週間オイルプリングを続けれぱ歯垢が

50%

減ります

ココナッツに夢中

サステナブルに製造された有機ココナッツ油は台所でも、それ以外でも救世主です。

・「オイルプリング」に挑戦：液状のココナッツオイルを口に含んで30秒間ブクブクうがいをすれば、歯からバクテリアが剥がれる
・乾燥した部分に塗って、やわらかくしっとりした肌へ
・液状のココナッツオイル100mlにシトロネラのエッセンシャルオイルを数滴加えて、天然の虫除けをつくる(69ページを参照)
・重曹と混ぜてカーペットや家具の汚れ落としに

エコなキャンドルを選ぼう

すてきなキャンドルも、環境負荷の面でいえば大量生産品はひどいものです。主流となっている商品はパラフィンワックス(石油から精製されます)でつくられているうえ、人工香料が含まれているので、私たちにも環境にも良くない存在です。

選ぶなら、オーガニックな蜜蝋(ビーワックス)かソイ(大豆)ワックスのキャンドル。それも、古いワインボトルなどを容器に転用しているものや、再生可能な素材(ガラスびん、缶など)に入ったものを探してください。また、原料にこだわる小規模生産者から買うようにしましょう。

インパクト指標

カーボンニュートラルなキャンドルを買うことで炭素排出を1時間当たり

10g

減らせます

水を出しっぱなしにしない

水を流しっぱなしで歯磨きをしている私たちは、全員有罪です。水道の蛇口は1分間に最大9リットルもの水を吐き出します（もちろん水道代がかかっています！）。11億人が水不足に直面している今、今日からは水を止めて歯を磨きましょう。

インパクト指標

歯を磨く2分のあいだ蛇口を閉めれば

5L

の節水になります

インパクト指標

満載時の食器洗浄機は手洗いの

1/4

しか水を使いません

食器洗浄機は怖くない

正しく使えば、食器洗浄機は驚くほどエコに貢献します。使う水の量も、水を温めるためのエネルギーも、通常は手洗いよりも少なくて済みます。どうせなら徹底的にエコな使い方をしましょう。

・食器を溜めてまとめて洗う
・エコモードを選ぶ
・ホワイトビネガーと塩で定期的に洗浄する［酸性のもので洗浄できない機種もあるので取扱説明書を確認してください］
・フィルターをぬるま湯で洗う
・夜間に使う（電気代が安くなる場合）

インパクト指標

タンブル乾燥機が1年間で排出するCO_2量は1本の木が

50年間

で吸収するCO_2量を上回ります

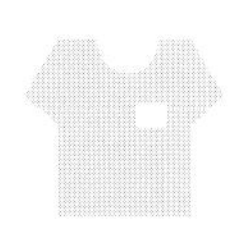

91 タンブル乾燥機と手を切る

タンブル乾燥機はエネルギーを大量に消費します(電気やガス代もかかります)。しかも、布地から出るマイクロプラスチックをいっそう増やします(68ページを参照)。

だから、タンブル乾燥機を使うのはもう終わり！ どこでもいいので外干しで乾かしましょう。室内なら回転式の物干しスタンドにかけ、エアコンの近くや風の通る場所に置きましょう。

92 手づくりアイピロー

とても簡単につくれるアイピローは、はぎれや古着の活用法にぴったりです。ネットで簡単なつくり方を探してみましょう。一般的にはドライフラワー(買い求めてもいいですが、庭の花でもつくれます。ラベンダーやバラが適しています)、手持ちの布、エッセンシャルオイル数滴、ソバの実か米(詰め物)でつくります。

アイピローでの癒やしを手軽なセルフケアの習慣にして、マインドフルネス瞑想やリラックスタイムに使ってください。市販品ではないハンドメイドのアイピローは、ごみを出さない嬉しいプレゼントにもなりますよ(67ページを参照)。

インパクト指標

英国では年間

33.6万トン

の衣類が廃棄されています

93 雑草対策もナチュラルに

除草剤は水路、土壌、生態系にダメージを与えます。その主成分の1つであるグリホサートが、昆虫の遺伝子に異変をもたらしていることもわかっています。有毒な化学薬品に頼らず、土壌の健全性を損なうこともなく雑草に立ち向かう方法はたくさんあります。

・植物の周りにマルチング材やウッドチップを厚く敷き詰める
・敷石のあいだに生えてきた雑草は除草ナイフで抜く
・ホワイトビネガーとレモン果汁を混ぜたものをスプレーする
・食べる！ ネトルやタンポポといった食べられる雑草は料理に使いましょう（113ページを参照）

インパクト指標

小さじ1の健康な土には最大

100億種類

もの微生物が存在します

インパクト指標

エレベーターに4回乗る代わりに階段を使った日は

600g

のCO_2削減になります

94 エレベーターは使わない

健康のためにエレベーターはやめて階段を、とよく言いますが、エレベーターを使わないことは環境にとってもプラスです。エレベーターに乗るたびにエネルギーを使っているのですから、選べるなら階段を使いましょう！ これから1カ月、毎日階段を使えば、いっそう健康になりCO_2も減らせます。

インパクト指標

あなたの結婚指輪をリサイクルゴールドにすれば廃棄物が

18トン

減ります

美しく輝くハッピーなジュエリー

貴金属には、知るとその輝きが失せるような複雑な暗い面が存在するのも事実です。採掘にあたっての人権侵害、環境破壊、先住民に対する不正義などの可能性です。また、パプアニューギニアのある鉱山からは、毎年500万トンもの有害廃棄物が海に垂れ流されています。

あなたのジュエリーによるダメージを減らすためにできることは:

・リサイクルされた金や銀のジュエリーを探す
・購入前に、その宝飾店のサステナブル認証とサプライチェーンを確認する
・国際的なフェアトレード基準で採掘された金を選ぶ
・銀製品はきちんと手入れして長もちさせる(127ページを参照)

フタを愛する人になる

今日の課題はとっても簡単です。鍋に、フタを、しましょう！ わかっています。スペースがないのですよね。忙しいのですよね。でも、私たちと地球のことを考えれば、あの手この手を使い、日常生活におけるエネルギー使用量を可能な限り減らさなければならないのです。そして、フタをするというのは誰にでもできること。パスタやブロッコリーを茹でるときも豆を煮るときも、鍋にフタをしましょう。調理時間が短くなってエネルギーも節約できて、一石二鳥です。

インパクト指標

夕食の調理時にフタを使えばエネルギー使用量を

30%

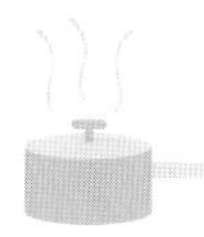

削減できます

社会的企業を支援する

今週は社会的企業から何か買うことにしましょう。社会的企業というのは、特定の信条や慈善活動のために利益を寄付する営利企業のことです。

例えば、パンからビールを醸造し、食品ロス関連の慈善団体に利益を寄付するビール会社。あるいは、刑務所を出た人々の再教育への投資に利益を回すパン屋。イギリスだけでも10万以上の社会的企業が存在します。

大きな会社から小さな会社まで、ローカルな企業もグローバルな企業もあるので、好きなところを選びましょう。あなたのお金を効果的に使う簡単な方法です。

インパクト指標

これまでに

260万枚

のパンが埋立処分を免れてビールの醸造に使われました

インパクト指標

年間10万ポンド（約2000万円）のエシカル投資でCO_2

32トン

の削減、もしくは廃棄物7.5トンのリサイクルが可能です

今こそ地球に投資を

あなたのお金は何を支えているでしょうか？ ひょっとすると軍需品、タバコ、化石燃料採掘などの産業を支えているかもしれませんよ。自分の年金資金が何に投資されているか意識する（21ページを参照）のと同じように、貯蓄や投資に利用している金融機関に問い合わせ、ESG（環境、社会、企業統治（ガバナンス））を重視するファンドに投資できていることを確認してください。

アプリを使って投資できるサービスが続々と登場している今、グリーンな貯蓄に取り組み支援することが個人にも簡単にできます。金融機関を選ぶ際は、包括的なサステナブル・ポリシーの有無を確認するか、サステナブル投資専門のファイナンシャルアドバイザーに助言をもらいましょう。

気候変動問題に取り組む団体に加わる

インパクト指標

英国の成人の

75%

が温暖化に不安を抱いているとされる今、グループに加わって希望と明るい見通しに目を向けましょう

安心してください。抗議のプラカードを掲げようという話ではありません(あなたが望まない限り)。エコな仲間を見つけることは、サステナビリティを目指す旅の助けになるという話です。効果的な方法、自分のまだ試していない代替品などの情報が得られ、「エコ不安」が減ります。起こすべき変化のあまりの大きさに及び腰になることもあるでしょうが、その旅路の前にも後ろにも仲間がいると、「できる」という思いが強くなるものです。

オンライン・コミュニティから、気軽な集まりやチャットまで、さまざまな市民活動の場があり、どこに住んでいても参加できるので探してみてください。

100 マイクログリーンを育てる

インパクト指標

1皿

のもやしを食事に加え、
不足しがちな
ビタミンCを
補いましょう

マイクログリーン、すなわち極小の植物を育てるスペースはどの家にもあります。発芽ムングマメ、クレソンなどのベビーリーフ、もやしといった芽を出したばかりの植物を指し、数センチ育ったところで収穫するのですが、家で育てればパッケージの削減、スーパーマーケットへの依存度の低下につながります。

ヒマワリの芽、豆苗、アルファルファなどは鉄分、亜鉛、マグネシウムの宝庫なうえ、誰にでも簡単に育てられます。

再生ガラスのびんに種を入れ、ぬるま湯を種が浸るくらい注ぎます。一晩おいてから、目の細かいふるいなどを使って水を切ります。もう一度ぬるま湯を注ぎ、また水を切ります。発芽するまでこれを繰り返します。

101 鳥にも我が家を

インパクト指標

営巣地が失われた市街地
に巣箱を設置することで
鳥の個体数は
元のレベルの

50%

まで回復します

この30年間でフランスの鳥類の数が30%も減少していることを知っていましたか？ 工業的農業の増加、都市化、森林伐採のせいで、多くの国が同じ状況にあります。巣づくりのための家を用意して、在来種の野鳥を助けましょう。

できる限り居心地良くしてあげるには、金属やプラスチックではなく木の巣箱を選び、北向きか東向き（直射日光が当たらない向き）で捕食者が近づけない高いところに設置します。水抜き穴と、出入りする鳥の種類に合った大きさの入口が必要です。

インパクト指標

米国では毎年
およそ

20億本

の使い捨てカミソリが廃棄されています

102 リサイクル可能な安全カミソリを選ぶ

使い捨てカミソリは金属とプラスチックが合体しているためリサイクルできません。これまでに使われたカミソリは今もまだ埋立地に眠っています。今月からは、木製または金属製のハンドルと金属製の替刃の安全カミソリに替えましょう。刃はリサイクルでき、プラスチックだらけの包装材もありません。

103 いびつさを慈しもう

「いびつ」な果物や野菜(つまり、見た目についての厳しい基準を満たさなかったもの)を売るスーパーマーケットが増えました。安く売られていることも多いうえ、それらを買うことは、奇妙な形をした果物や野菜にも需要があることを伝えるすばらしい方法です。結局のところ味は同じ。スムージー(182ページを参照)やスープ(132ページを参照)にうってつけです。

インパクト指標

スーパーマーケットの厳格な美的基準のせいで、英国で栽培・生産された食品の

10～15%

が廃棄されています

インパクト指標

あるサングラス会社は木製サングラス1本の購入につき

20本

の植樹を約束しています

104 木のサングラスは最高

木や竹でできたフレームは軽くて快適でリサイクルもできますが、プラスチックや混合素材のサングラスはリサイクルできません。また、木製サングラスのブランドの多くは、植林から発展途上国におけるメガネ配布活動まで、さまざまな活動への還元も行っています。みんなで木材の利用を広げていきましょう。

105 熱を反射させる

インパクト指標

英国の家庭は平均して年間

2700kg

のCO_2を排出しています。断熱に励んで減らしましょう

あらゆるエネルギー料金が上昇するなか、誰もがさらなる断熱術を求めています。ここでご紹介するものは簡単で低コスト、しかも効果的です。

ヒーターは熱を放出しますが、その多くが外壁に奪われてしまいます。だから、ヒーターの背側に反射するもの(アルミホイルでもかまいません)を広げ、熱を室内に戻しましょう。室内に留めておける熱が多ければ多いほど、室温を維持するための電力は少なくて済むので、お金とエネルギーの節約になります。

106 職場でグリーンチームを結成する

インパクト指標

パワーダウン・デー[電気の使用を制限する日]を設けて、企業のエネルギー消費量を

25%

削減しましょう

イベントで提供する食べ物の選定から環境ポリシーの策定まで、ネットゼロの意思決定を進めるうえで、企業文化は非常に大きな役割を果たします。

大組織の多くにはグリーンチームが存在します。自発的に結成され、一般的には持続可能性に関するトップ層の目標と、従業員側の都合やメリットとを一致させる役割を担います。あなたの会社にグリーンチームがすでにあるなら一員として加わり、どのように貢献できるかやってみましょう。まだ存在しないなら自分でつくり、仲間を探しましょう。そして、自社のCSR(社会的責任)や持続可能性に関する方針・目標について、会社に聞いてみてください。

インパクト指標

米国では1年間に
1人当たり

37kg

の衣類が廃棄されています。繕って減らしましょう

107 取れたボタンは自分でつける

衣類は捨てずに直し、循環の輪に留めておきましょう。取れたボタンをつけるだけなら、ものの数分でできます。

1. 服地かボタンの色に合った糸を選び、針に通します。糸の端を玉結びします。
2. つけたい場所にボタンを置き、ボタンの穴の位置を合わせます。
3. 服地の裏から針を入れて穴から出し、別の穴から裏へと戻します。ボタンがしっかりつくまで、これを繰り返します。

108 近くの農場に行ってみる

乳製品であれ食肉であれ植物性食品であれ、食の仕組みについて学ぶことは、自分の口にするものをつくるために費やされている時間、コスト、エネルギーにあらためて感謝し、食品ロスを減らそうという気持ちを強くすることにつながります。

国をあげてのファーム・ビジティング・デーから地域独自のツアーまで、農場見学の機会がいろいろ用意されているので、地元の農場を探し、ここ2〜3カ月のうちの見学を計画しませんか？

農場から帰ったら、食品の買い方、食べ方を変えたくなったか、自分の胸に聞いてみましょう。

インパクト指標

地元で採れた旬のアスパラガスのカーボンフットプリントは、ペルーから英国に空輸されるものの

1/4

です

109 デンタルフロス再考

市販のデンタルフロスは一般的にナイロン(つまりプラスチック)、フッ素樹脂加工(95ページを参照)、石油系ワックスでできています。このトリオによる健康面の懸念はさておき、たいていのデンタルフロスはなかなか分解されないので、食べてしまった海洋生物や野生生物の命を脅かしかねません。それに、プラスチックの容器も問題です。引き出し口に金属が使われているので、リサイクルできる可能性は低くなります。

詰替可能な容器入りのコーンスターチ(ヴィーガン)、または生分解されるシルク(非ヴィーガン)でできたデンタルフロスに替えるか、竹製の爪楊枝を使いましょう。思い切ってウォーターフロッサー(口腔洗浄器)を買ってもいいですね。

インパクト指標

市販のデンタルフロスは分解に

80年

かかり、水域をマイクロプラスチックで溢れさせます

インパクト指標

私たちは毎週

クレジットカード

1枚分

相当の
マイクロプラスチックを食べ物や飲み水から摂取しています

110 メイク落としシートは使わない

イギリスでは年間110億枚ものメイク落としシートが使い捨てられています。ほとんどがプラスチックの繊維でできていて、水源にマイクロプラスチックを溶け出させます。マイクロプラスチックは回りまわって私たちの体内に入るわけですが、ウェットティッシュ類はその大きな原因なのです。

竹繊維でできたシートなどの「エコ」な商品ですらプラスチックのパッケージに入っているうえ、なかなか生分解しません。だから、メイク落としシートを使うのはやめて、メイク落としパッドを自作する(27ページを参照)か、ココナッツ油をクレンジング剤として使いましょう(49ページを参照)。

111 プロギングのすすめ

インパクト指標

30分で消費できるカロリーはジョギングのみだと235kcal、プロギングは

288kcal

です

スカンジナビアで考案されたプロギングとは、ごみ拾いとジョギングを掛け合わせたものです。毎日の運動のついでに近くの公園、ビーチ、運河沿い、道などをきれいにしようというアイデア。イギリスのビーチでは1.5kmのあいだに平均5000個のごみが落ちているので、それほど遠くまで走らなくても成果が上がります。

112 ミミズは友だち

ミミズは生ごみが大好物で、養分豊富な堆肥へと変えてくれます。ごみを減らすと同時に植物の成長も助けているわけです。堆肥の山をつくる場所がない場合、特に助かります。

小さなミミズコンポストを買ってきてもいいですし、フタ付きのプラスチックの箱を積み重ねて自分でつくることもできます。バルコニーのほか、ガレージ、庭、共有スペースなどに置きましょう。シマミミズ、果物や野菜のくず、卵の殻、厚紙、そのほか植物性のごみを入れておくと、2～3カ月後には堆肥として使い始められます。

インパクト指標

家庭の生ごみ200kgほどをミミズコンポストで処理すれば、あなたの家の年間CO_2排出量が

875kg

減ります

113 グリーンでクリーンに

グリーンな掃除と言っても難しく考える必要はありません。重曹をごみ箱に振りかけて臭いを消す、重曹とホワイトビネガーでオーブンを掃除する、クエン酸で食器洗浄機の汚れを落とすといったところから始めてみましょう。もちろん、自作の掃除用クロスを使ってくださいね(16ページを参照)。

インパクト指標

英国では1人当たり
年平均

150ポンド

(約3万円)を
掃除用品に
使っています

インパクト指標

市販のものを買わないことが1年間に埋め立てられている猫砂

180万トン

の削減につながります

114 猫砂を見直す

市販の猫砂に使われている粘土の多くは、生態系と土壌を破壊するストリップ採掘という方法で採掘されたものです。また、生分解せず、トイレに流すと下水道が詰まります。木材、トウモロコシ、ナッツの殻などでできたものに替えるか、手づくりしましょう。新聞紙、ウッドチップ、おがくず、クルミの殻、木質ペレットなどを混ぜ合わせるだけです。

115 シリカゲルは捨てない

ネット通販の包みには湿気対策としてシリカゲルの小袋が同梱されていますが、あれはリサイクルできません。でも、シルバーアクセサリーと一緒に入れておけば変色を防げますし、工具箱に入れれば錆を防げます。

インパクト指標

シリカゲルの小袋の

90%

は再生不可能なプラスチックの袋を使っています

インパクト指標

衣類は平均

7回

しか着用されていません。
服のリペアを学んで
長もちさせましょう

116 ダーニングに挑戦

お気に入りの服の穴を簡単に修繕できるダーニングという技術があります。お直しの必要なニットを出してきて挑戦してみましょう。用意するものは、そのニットに使われているのと似た太さと色の糸、ダーニング針、ダーニングマッシュルームです。

穴の裏にマッシュルームを当てます。穴の1cm下から始め、穴の反対側まで縦に糸を渡していきます(通常は布目と方向を合わせます)。次に、その縦糸を1本おきに拾いながら横糸を渡します。これを穴が埋まるまで続けます(穴を閉じるのではなく埋めたいので、糸を強く引きすぎないこと)。

117 自分の飲んでいるコーヒーをチェック

目覚めのコーヒーにこだわることは、独立系の食料システムや地元の職人を支援し、コーヒー農家が公正な取引をするのを助けるための簡単な方法です。

近くで有機コーヒー焙煎しているところを探し、コーヒー農家へフェアトレード(もしくはそれ以上の)レベルの支払いを行っているか、梱包材はサステナブルか、利益をコーヒー栽培地のコミュニティに還元しているか確認してください。

ここだという事業者が見つかったら、直接購入するか、そこの豆を使っているカフェを選んで応援しましょう。

インパクト指標

サステナブルに栽培された豆を選ぶことでコーヒー1杯当たり

200g

のCO_2を削減できます

118 そこにいたる長い道のり

飛行機には乗らないとまで約束するのは難しそうですが、長距離の移動を制限することはできます。私たちの休暇と飛行機利用は世界の温室効果ガス排出量の2.5%を占め、個人による最大の排出源となっています。

地球上の全員が毎年1回、長距離フライトを利用すれば、総排出量はアメリカ全土の合計をはるかに上回るほどになります。長距離フライトは2年に一度と決めませんか？（近距離フライトについては140ページを参照）。

インパクト指標

ニューヨークからロンドンまでのフライトをやめればCO_2を

986kg

削減できます

119 昆虫ディナーはいかが?

インパクト指標

1kgの昆虫タンパク質を生産するのに必要な土地面積は1kgの牛のタンパク質よりも

70%

少なくて済みます

温暖化につながらないタンパク源の生産方法として、昆虫養殖が始まっていますが、肢や殻をバリバリ食べる必要はありません。昆虫からつくった粉は原材料として広く使われ始め、集約農業による穀物への依存度を下げています。昆虫のチップス、ビスケット、クッキー、さらにはドッグフードまで登場しています。

インパクト指標

ティッシュペーパーをつくるために毎日伐採されている

2.7万本

の木は、布のハンカチに替えることで救えます

120 ティッシュペーパーはもう使わない

再生紙のティッシュペーパーなら、バージンパルプからつくる場合よりも炭素の排出が30%少なくて済みますが、いずれにしても地球に優しいものではありません。真っ白に漂白するために有毒な化学物質を使っているうえ、製造工程で大量のエネルギーを消費しています。

一番簡単な代替案は、昔ながらの布ハンカチです。洗って繰り返し使えます。サステナブルを意識するなら、環境への負荷が綿よりずっと小さいリネン(亜麻)を選びましょう。はぎれを使って手づくりすることもできます(159ページを参照)。

121 ハッピーなおやつタイム

インパクト指標

ポテトチップス1袋を自家製スナックに替えれば

75g

のCO_2削減になります

プラスチックごみの40%が食品のパッケージですが、ちょっと工夫して毎日もっとハッピーでヘルシーなおやつを楽しみましょう。まとめてつくり、繰り返し使える容器や袋に小分けにしておけば、持ち歩くこともできます。今週は以下のようなスナックに挑戦してみましょう。

・オイルを回しかけ、パプリカパウダー、クミンパウダー、カレーパウダーなどを振ってローストしたヒヨコ豆
・ゼロ・ウェイストの店(6ページを参照)で調達した食材で自作したトレイルミックス[ナッツ、ドライフルーツ、チョコレートなどを合わせたアウトドア用栄養食]
・自家製ポップコーン
・ピタパンを三角形に切り、油、塩、コショウをかけてローストしたヘルシーなトルティーヤチップス

122 植物を交換する

インパクト指標

植物の世話は疲労や頭痛を最大

25%

軽減します

今年は植物を交換し合って、植物についての基本的な知識を身につけましょう。井戸端会議から始めるもよし、オンラインの物々交換グループに参加するもよし。地元でそのようなイベントもあるかも。植物はわりと簡単にお金をかけずに手に入るのです。

・余っている苗を分け合う
・種や挿し木用の枝を分けてもらえないか近所の人に頼む
・技術を提供して植物をもらう

インパクト指標

生ハーブの

52%

がごみ箱行きとなっています。乾燥させることで減らしましょう

123 生ハーブを乾燥させてドライハーブに

ハーブを乾燥させることは食品ロスを減らすだけでなく、使い捨てプラスチックの削減にもなります。タイム、ローズマリー、オレガノ、セージといった水分の少ないハーブは束のまま逆さまに吊るし、風通しの良い日陰で乾燥させてください。

ミント、レモンバーム、バジルのような水分の多いハーブは、110℃のオーブンに入れ、スイッチを切って余熱で乾燥させます。乾燥したら砕き、空きびんに入れて冷暗所で保管しましょう。

124 モノはもう十分という人、手を挙げて

インパクト指標

米国ではもらったプレゼントの

18%

が不要なものとして店に返品されています

誕生日にクリスマス、ただの決まりごとみたいにプレゼントを贈るという行為を繰り返している——そう感じているかもしれません。今年は思い切ってモノではなく、経験をプレゼントしませんか？

どんな経験でもOK。ホテルの宿泊、マッサージ、アクティビティ、さらにはベビーシッターをしてあげる、食事を用意してあげるというのも立派なプレゼントです。創造力を羽ばたかせましょう。お金をかける必要はないのです。手づくりのチケットやカードでプレゼントすれば、もっとエコ力(りょく)がアップします。

125 プラスチック製ラップを一掃する

この粘着質で透明なプラスチックが台所で活躍した時代は、もう終わりを迎えています。リサイクルできないうえ、野生生物や海洋生物にとっては絡まってしまうこともある恐ろしいものであり、細かく砕ければマイクロプラスチックになります(68ページを参照)。

イギリスでは食品用ラップが毎年12億メートルも使い捨てられていて、そのすべてが100年以上先までこの地球を汚染し続けます。もう終わりにしましょう！ 次のような工夫をしてみてください。

・FSC(森林管理協議会)認証を受けたワックスペーパーか、蜜蝋または植物性ワックスのラップでサンドイッチを包む
・繰り返し使える容器で食べ残しを保存する
・冷蔵庫に入れるボウルには皿でフタをする

インパクト指標

生態系に流入する、年

19m

のプラスチック製ラップを削減しましょう

126 グッピーバッグでマイクロプラスチックの流出を抑える

インパクト指標

一度の洗濯で

70万個

のマイクロプラスチックが水に流れ出します

衣類は洗濯や乾燥のたびに洗濯機の中で擦れ合い、小さなプラスチック粒子、マイクロプラスチックを発生させます。マイクロプラスチックは地球上の最も高いところでも最も深いところでも見つかっていて、私たちと環境にどんな影響を与えるかは明確になっていません。

マイクロプラスチック問題への対処策の1つに、グッピーバッグと呼ばれるネットに入れて洗うという方法があります。目が非常に細かく、マイクロプラスチックの大半を捕捉して水とともに流れ出るのを防ぎます。

127 古本は寄付を

インパクト指標

1本の木から平均

1万枚

の紙ができます。あなたの本棚に眠っているのは何本分？

もう読まなくなった本を持ったままの人も多いことでしょう。それらの本をつくるにもエネルギーと資源が使われているのだから、本棚に放っておかずに寄贈しませんか？ チャリティショップ以外にも贈り先はいろいろあります。

・介護付き住居やリハビリ施設
・子どもを支援する慈善団体
・病院
・高齢者施設
・古本販売の利益を社会貢献のために寄付する企業

インパクト指標

自家栽培すれば平均

2400km

という食品の輸送距離を短縮できます

128 空間を縦に使うガーデニング

自分で育てれば育てるほど廃棄する食品は減ります。なにせ、自分の労力の賜物なのですから。また、自分で野菜や果物を栽培することは、世界規模のサプライチェーンへの依存を減らすことにもなります。

トマトやインゲン豆は排水用の穴のあいたバケツや窓辺用プランターに植えて、支柱や格子に沿わせて簡単に育てられます。ハンギング用の鉢では各種ハーブや、キュウリやレタスといった根の浅い野菜を育てましょう。イチゴの苗は、壁に横付けしたプランターや天井から吊るした鉢に植え付けると、簡単に育ちます。

129 虫除けを手づくりする方法

自宅のバルコニーであれ休日のキャンプ地(93ページを参照)であれ、夕陽を眺めているときの虫刺されは避けたいものですが、プラスチックボトル入りで化学物質たっぷりの合成スプレーを買う必要はありません。

虫は柑橘類の香りやニンニクの匂いを嫌うので、シトロネラやニンニクのオイルが使えます。また、シナモン、ラベンダー、タイムのエッセンシャルオイルも蚊除け効果があります。肌に直接塗るのではなく、アーモンド、ホホバ、ココナッツ(49ページを参照)といったキャリアオイルで希釈し、繰り返し使えるスプレーボトルに入れて使いましょう。

インパクト指標

米国地質調査所の水質汚染に関する報告書によると、虫除けの成分である

ディートは全米の河川で最も頻繁に検出される化合物の1つ

です

130 柑橘類の歩む第2の人生

インパクト指標

100gのレモンを栽培するには

20L

の水が必要です

果汁を搾ったあとの半割りレモンや、冷蔵庫の奥で忘れられていた使いかけのライムは捨てないでください。台所周りの掃除に使えます。

1. 木のまな板に塩を振ってからレモンの切り口でこすれば、汚れも匂いも落ちます。

2. 水を張ったボウルに搾ったあとの半割りレモン1個分、またはカットしたレモンやライムを入れ、電子レンジで約3分加熱します。庫内の汚れが緩み、爽やかな香りになるので、そのまま5分以上おいてから古い布で拭きましょう。簡単にきれいになります。

131 ビー・ハッピー

インパクト指標

ミツバチは毎日何千もの花を巡る

ので、花を絶やさないようにして蜜を見つけやすくしてあげましょう

屋外になんらかのガーデニング空間があるのなら、ミツバチに優しい花を育てるスペースはきっとあるはず。ミツバチの個体数は減り続けているので、蜜を吸える野花(鉢植えでもかまいません)を育てて助けてあげましょう。

ラベンダー、ゼラニウム、アスター、バジル、セージなどはミツバチの好物ですし、鉢で簡単に育てられます。高価な苗を買ってくる必要はありません。種をまくか、地元の交換会で手に入れましょう。

木のことを知ろう

インパクト指標

1本の木は平均して年に
最大

10kg 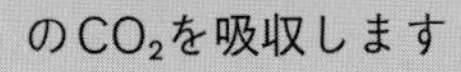

のCO_2を吸収します

木はCO_2を吸収できるので、世界がネットゼロへと向かうにあたって非常に大きな役割を果たします。私たちももっと木のことを知って、どうすれば正しく守れるかを理解しなくてはなりません。だから、地元の植物相(フローラ)について、特にその地域に自生する樹木の種類について学ぶことを使命としましょう。

知っていましたか？
・カシの木の寿命は150〜1000年。どんぐりからは小麦粉やコーヒーの代替品、さらにはアルコールもつくれます。寿命の長さから、多様な生物が繁栄する生態系の維持に役立っています。
・ユーカリの葉にはさまざまな効用があります。お茶には鎮静作用があり、虫除けとしても使え、大気中の汚染物質を吸着する力もあります。
・北半球に広く生育するトウヒの木はカブトムシ、ゾウムシ、アカリスなどに1年を通してすばらしい生息地を提供していて、その寿命は最長1000年にもなります。

133 目指せ、アンダーツーリスト

インパクト指標

年間

2000万人

が押し寄せるアムステルダムはやめて、ロマンチックなユトレヒト(ユネスコ文学都市)へ行ってみましょう

アンダーツーリストとは、インスタグラムのフィードに出てこないような場所を選んで旅する人のこと。毎年14億人以上が休暇で旅をするのだから、そのインパクトを分散する必要があります。こぞってアムステルダムやマチュピチュに行くのではなく、観光化が進んでいない場所を訪れれば、自然景観の破壊を抑えられ、メジャーではない地域の経済を活性化する力にもなれます。

ニューヨークよりはピッツバーグ、シドニーよりはアデレードというように二番手、三番手の都市に目を向けるアンダーツーリストになりましょう。できることならピーク時を避けて、アンダーツーリズムの効果をさらに高めましょう。

134 そのパンツは残念かも

インパクト指標

よりサステナブルな素材の下着に替えればCO_2を年間

7.2kg

削減できます

綿の下着をさらに環境に優しい素材のものに替えるという簡単なアクションが、よりサステナブルな仕組みを支援することになります。

次に下着を新調する必要が生じたら、誇りを持ってヘンプ、竹、テンセルを選んでください。いずれも栽培に要する水と土地が綿より少なく、使う染料も毒性の低いものです。大丈夫、肌当たりもやわらかくて快適で、いろんな形、スタイルのものが出ています。

インパクト指標

農地1m²当たり

1kg

以上の収穫を目指して工夫しましょう

135 コンパニオンプランツを活用する

パーマカルチャーと呼ばれる環境活用型の農法では循環型の仕組みを取り入れ、廃棄物を削減するとともに長期的な生物多様性に貢献します。コンパニオンプランツもパーマカルチャーの手法の1つであり、2つの植物を一緒に育てることが互いの生育を助けたり、害虫を減らしたり、収穫量を改善させたりします。

例えば、ミントはトマトやニンジンを好む害虫にとって嫌な香りです。ラベンダーはリーキ(ポロネギ)を食べるアブラムシを寄せつけず、セージはアブラナを害虫から守ってくれます。

136 グリーンな掛け布団でぬくもりを

インパクト指標

英国では毎年

1400万

もの掛け布団、枕、ベッドパッドが埋立処分されています

現代において主流となっている(羽毛以外の)掛け布団はリサイクルできません。合成素材の混合物であること、多くに揮発性有機化合物(VOCs:Volatile Organic Compounds)やホルムアルデヒドが使われていることが理由です。この問題に対処する簡単な方法が2つあります。

1つめは、天然素材の掛け布団を選ぶこと。ウール、ユーカリと竹のミックス(温暖な地域向け)の2つはどちらも抗菌作用があり、温度調整機能に優れています。

2つめは、再生ペットボトルでつくられた布団を探すこと。掛け布団は頻繁に洗わないので長もちすることが多く、再生ペットボトルの利用に向いています。

137 美容クリームの入っていた容器もリサイクル

インパクト指標

化粧品には年

1200億個

もの容器が使われていますが、その大半は複合素材のため完全なリサイクルができません

化粧品業界は、クリームや美容液、メイク用品をプラスチック容器、もしくはプラスチックとほかの素材との複合素材の容器で販売しています。そして、私たちはそれらを買い、毎日せっせと使っています。ところが、イギリスでは、それらの容器をリサイクルしている人はたった50%にすぎません。

空き容器は捨てずに洗い、リサイクルに持ち込める場所を探しましょう。実店舗のあるスキンケアブランドの多くは、他ブランドの容器も引き取ってくれます。あるいは、詰め替えて旅行用にする、ピルケースやアクセサリー入れにするといった使い方もいいですね。

138 白物家電は賢く処分を

インパクト指標

冷蔵庫を責任持って処分すれば車の走行

3000km

相当の排出を削減できます

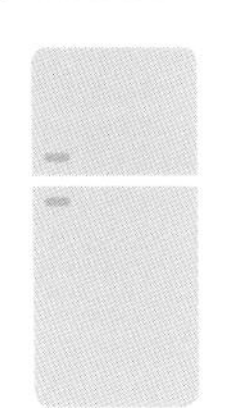

白物家電は毎日捨てるものではありませんが、引っ越しや買い替えで古いものを処分するときは適切に処分して、不必要な汚染を招かないようにすることが重要です。

冷蔵庫の冷却に使われている化学物質は、エアコンの冷却ユニット、一部の噴射用ガス、断熱材にも含まれ、そうしたHCFC(ハイドロクロロフルオロカーボン)は地球温暖化にとてつもない影響——CO_2の最大1万3800倍もの温室効果——を及ぼします。古くなって壊れた白物家電からは、大気中に化学物質が放出されるのです。

古い冷蔵庫、冷凍庫、エアコンなどは、国や自治体の定める方法で正しくリサイクルしてください。

インパクト指標

やわらかいプラスチックはリサイクルできると知っているオーストラリア人はわずか

22%。

リサイクルの簡単さを広く知ってもらいましょう

139 地元のリサイクルルールを知ろう

イギリスの家庭の55%が、リサイクル不可能なものをリサイクルに出しています。その結果、集めたものすべてを焼却するしかなくなる場合があるので、必ずルールを守りましょう。

・やわらかいプラスチック[日本では食品トレイなど]はスーパーマーケットに持ち込んでリサイクルしてもらう
・レシートはリサイクル用の古紙として出さない(19ページを参照)
・クレジットカードより小さいプラスチックはリサイクルできない[イギリスの場合]

140 他人事ではない大気汚染

都市化の進展は、大気の質におおむね悪い影響を与えます。そして、私たちの10人中9人が、大気汚染が指針値を超える地域に住んでいます。個人でどうにかできる問題ではありませんが、各家庭で以下を実践して少しでも改善を進めましょう。

・スプレーではなく固形の掃除用洗剤を使う
・洗面用品を天然素材のものに替える
・電気製品のファンと排気口の汚れを取り除く
・ラグやカーペットを清潔に保つ
・家の風通しを良くする

インパクト指標

汚染されていないきれいな空気を吸えば寿命が

2年

延びるかもしれません

141 ネオプレンゴムに第2の人生を

インパクト指標

毎年

350トン

のネオプレンゴムが埋立処分されています

ネオプレンゴムというのは、ウェットスーツに(最近では水着にも)使われている賢い素材で、暖かいうえ耐久性にも優れています。古くなるとひび割れるものの分解はしないので、サーフィンなどのスポーツ関連企業がリサイクルに取り組み、財布からビールびんホルダーに至るまで、いろんなものを製造しています。

家に古いウェットスーツや水着があるならリサイクルしている国内企業に送り、生まれ変わらせてもらいましょう。

142 ジャムづくりは楽しい

インパクト指標

イチゴジャムの気候フットプリントの

50%

はパッケージングによるものなので、家でつくれば大幅に削減できます

アメリカでは1週間当たり平均10ドル(約1500円)分の果物が捨てられ、世界の食品廃棄問題の一因となっています。でも、ごみ箱行きになる食品の量は少しの工夫で削減できます。熟れすぎた果物はジャムにしましょう。ごみが減り、トーストをよりおいしく楽しめるようになりますよ。

たいていのジャムは、果物、グラニュー糖、レモン果汁、その他お好みに応じたいくつかの材料があればつくれます。簡単なレシピをネットで探して、ジャムづくりを始めましょう。

滅菌した再生ガラスのびんに詰めた自家製ジャムは、贈り物やパーティのお土産(168ページを参照)にしてもエコで喜ばれます。

143 小鳥の水浴び場をつくろう

インパクト指標

庭に来る小鳥が

10%

増えて感じる幸せは給料がアップするのと同じくらいです

いつも庭に来ている鳥たちは、自然の中の水浴び場も巣づくりの場所もたくさん失ってしまっています。オーストラリアの鳥は6種に1種が絶滅の危機にあるので、小鳥のための場所づくりは思いやりに溢れた活動です。

屋外のどこかに簡単なバードバスをつくりましょう。不要になったテラコッタの皿や大きな容器のフタなどをアップサイクルし、中に石を置いて重しにします。何よりも大切なのは、捕食者の近づけない場所に設置することと、縁に止まって水に入りやすい形をしていること。この水浴び場は、ミツバチの水飲み場にもなるんですよ。

144 ビデオ通話をしない理由

自宅での仕事中に上司と話す必要があるときや、友だちとのブランチの日にちを決めたいとき、音声通話ではなくビデオ通話を選んでいませんか？

1時間のビデオ通話は約1kgのCO_2を排出します。コミュニケーションをとる一番エコな方法は、電話をすること。古き良き電話も捨てたものではないのです。

インパクト指標

次のビデオ通話からカメラをオフにすればCO_2排出量を

96%

削減できます

145 30回着用ルール

新しい服を買うペースを遅らせるのに便利な目安があります。衣類の製造時のCO_2排出は、30回の着用で相殺できると考えられているので、新しい服を買うときには、30回着るだろうかと自分に聞いてみるのです。ノーなら、その商品は買い物かごから出しましょう。

インパクト指標

衣類は少なくとも

30回以上

着て、製造時のCO_2排出を相殺しましょう

146 自家製コーディアル

インパクト指標

スーパーで売られているコーディアルのCO_2フットプリントは100ml当たり

200g

です

イギリスでコーディアルと呼ばれる甘い濃縮シロップは、スーパーマーケットで売られているペットボトル入りのものを買うのが普通ですが、自分でも簡単につくれます。砂糖300gと果物450gを合わせ、レモンの皮のすりおろし少々を加えて煮込むだけ。果物の形が崩れたら、綿モスリン生地でこして滅菌した再生ガラスのびんに移します。冷蔵庫で1カ月もちます[日本でならば、たとえば、国産レモンを使った自家製レモネードなどは、自分でも比較的簡単につくれます]。

147 アルミ容器を再利用する

デリバリーやテイクアウト用のアルミトレイはカーボンフットプリントがとてつもなく大きいので、知恵を絞って再利用しなければなりません。残り物の持ち帰りに使ったり、自家製のおやつを入れたり、あるいは工作やペンキ塗りに役立てるなどしましょう。

インパクト指標

英国では年

18億個

ものアルミ容器が持ち帰りに使われています

148 子ども服はレンタル

インパクト指標

米国の親は子ども服に年平均

800ドル

(約12万円)を費やしています。財布と環境に優しいレンタルを利用しましょう

今月は子ども服を買うのをやめて、特別な日や休日用のものを中心にレンタルしてみましょう。スマートフォンアプリ、ウェブサイト、地元のオンライングループなどで子どもの年齢や身長に合う服を借り、サイズが合わなくなったら返すサービスが、より簡単で、普通に利用できるようになってきています。新品の必要性が減ることは製造される衣類が減ることを意味し、環境への影響も軽減されるということです。

149 ヘチマを育ててみる

あなたやお子さんが使っている体洗いスポンジが、環境にどんな影響を与えているか考えたことがあるでしょうか？ プラスチック製のスポンジはマイクロプラスチックを出すので(68ページを参照)、プラスチックフリーのバスタイムのためにヘチマを育てましょう。

ヘチマは育てるのがとても簡単です。春先に種をまいて暖かい場所で発芽させ、霜が降りなくなったら壁際に植えて高く這わせます。ヘチマの実が大きくなって熟しても、そのまま置いておき、茶色くなってから(初秋頃)皮を剥いて中のスポンジだけにします。種を取り出してから洗って乾かし、完成。自分で育てた自分専用のバススポンジです！

インパクト指標

プラスチックのバススポンジが分解に

600年

かかるところ、ヘチマは30日しかかかりません。

150 さらば、悪臭

犬を飼っているなら、トイレ袋をどんなにたくさん使い捨てているか気づいていますよね？ そう、毎日3〜4枚。それも分解しない袋を(中のうんちも分解しません)。

これをコーンスターチでできた生分解する袋に替えましょう。石油由来ではなく、普通のコンポストで分解することを保証しているものを買い求めてください。もっといいのは、そこが道からも人からも離れ、問題のない場所であれば、土の中に埋めること。自然に分解されます。

インパクト指標

中型犬1匹のカーボンフットプリントはSUV1台並み。

簡単にできるエコな置き換えでインパクトを下げましょう

インパクト指標

私たちは月平均

22本

ものペットボトルを捨てています。水やりに使えないものは1本もありません

151 ペットボトルで自動水やり

古いペットボトルで室内ガーデニングの手間が省けることを知っていましたか？ 500mlのペットボトルで便利な自動水やり器をつくりましょう。

ペットボトルの底を切り取り、キャップに4つか5つ穴をあけます。上下逆さにして鉢に挿し(倒れないようバランスに注意)、水を入れます。再利用したペットボトルから土の中に水が滴り落ち、植物はみずみずしくハッピーに保たれます。

152 衣類の収納もサステナブルに

インパクト指標

衣類の寿命は平均

3年。

適切に収納・保管して長もちさせましょう

私はここ数年にわたってサステナブルなファッションを追求してきましたが、ものの適切な収納・保管法を知ったことは、大きな転機となりました。たんすやベッドの下に押し込んだりするのは、もうやめました。長もちさせれば新しく買う量も減るのですから。

簡単なところでは、高価な靴やバッグは古い綿の枕カバーに入れておきましょう。ホコリ除けと傷防止になり、古い枕カバーにも新しい命が吹き込まれます。

153 チケットはいつも手元に

電車の予約ですか？ チケットは家で印刷したり駅で発行したりせず、二次元コードや電子チケットを利用してください。昔ながらの切符はリサイクルが難しいうえ、ほとんどの人がスマートフォンを持っている今では、ほぼ不要なものです。

次の旅行では忘れずに必要なアプリを入れておき、ペーパーレスでいきましょう。

インパクト指標

英国の鉄道の切符は

90%

がeチケットで購入できます

154 大容量プラスチックボトルは再利用を

インパクト指標

再生プラスチックを使用している牛乳ボトルは

10%

しかありません。可能な限りリユースしましょう

朝、コップに注いだところで牛乳がなくなったとき、そのプラスチック製の容器[日本で1.5リットル以上の漂白剤や油、醤油に使われているような形状のもの]はどうしていますか? リサイクル? ごみ箱行き? そうした大容量のかたいプラスチックボトルは、捨てずにアップサイクルしましょう。家で使う便利グッズをいろいろつくってください。

私のお気に入りは万能スコップ。底を持ち手側から反対側へと斜めに切り取って、スコップの形にします。ペットフードや、ガーデニング用の培養土や堆肥をすくって移すのに使ってください。犬や子どもの頭を洗うときにも役に立ちます。

乳製品の摂取をやめる(20ページを参照)、ガラスびん入りの牛乳を配達してもらうなどできるなら、さらにすばらしいことです。

155 雨水タンクを用意する

インパクト指標

雨水タンクを設置すれば一夏で

6000L

の節水になります

雨の少ない季節の植木の水切れを防ぐために、雨水を溜めておきましょう。乾燥した国では雨も貴重な水源であり、オーストラリアの生活用水は9%が雨水です。

雨といの下にごみバケツを置けば、それで雨水タンクになります。集合住宅の場合は、バルコニーや窓の手すりの端に水差しやバケツを吊るし(落ちないよう念入りに)、雨水を受けてください。小さめの雨水タンクなら10リットルのプラスチック容器と蛇口のキットがあるので、それを買ってきてもいいですね。

インパクト指標

家の隙間風対策で
年に最大

145kg

のCO_2を削減できます

156 隙間風に耐える必要なし

隙間風が入る部屋は冷えますね。しかも、室温を保つために暖房器具はもっと働かなければならなくなるので、お金も余計にかかります。そろそろその冷気をシャットアウトしましょう。

まず、どこから隙間風が入ってきているのかを調べ——たいてい怪しいのは窓の周りかドアの下——それから、攻略方法を考えます。長めのカーテンに替える、新聞の受け口や鍵の差し込み口にカバーを取り付ける、といった対策から始めると良さそうです。あるいは、古着で隙間風防止クッションを手づくりしてみましょう。中には米や砂を詰めてください。

157 エコな防虫対策

インパクト指標

ウールセーターはその生涯でCO_2を

18.5kg

排出します。できるだけ長もちさせましょう

イガ(衣蛾)などの幼虫にセーターに穴をあけられて嬉しい人はいませんが、人工的な防虫剤に頼らなくても衣類を虫食いから守ることはできます。

イガはシダーウッドを嫌います。もっと具体的に言えば、シダーの木に含まれるオイルが嫌いなのです。シダーウッドの木片をクローゼットのハンガーにかけておけば、服にイガが寄りつかず、穴のない状態を長く保てます。

手入れをきちんとすることと、ごみ箱行きにせずに修繕することで、捨てるニットを少しでも減らしましょう(63ページを参照)。

158 特別な日の服はレンタルで

ウェディングパーティ、祝賀会、仕事関係のパーティなど、次の大きなイベントに着ていくものは新しく買わずに、レンタルしましょう。デザイナーズブランドのバッグからエレガントなドレスまで、自分の個性を装いで表現するなら今はレンタルがトレンドです。

フォーマルウェアをレンタルすることは、新しく買って次に着るまで何カ月もしまい込むより、ずっと環境に優しい行動です。レンタルでも輸送に伴う環境負荷は生じますが、新しいものの製造には新しい資源が必要なので、全体としてはレンタルのほうがエコだと言えます。しかも、安上がり。つまり、フットプリントを増やすことなく、買う場合より良いものを着られるのです。

インパクト指標

衣類の製造には
10年間で

2.5億L

の水が使われています。
買わずにレンタルして減らしましょう

インパクト指標

1日1回のスマートフォン
充電は年間

1kg

のCO_2を排出します。
サステナブルな充電を
心がけてください

159 ソーラー充電器で輝こう

スマートフォンの充電がすぐに切れてしまう人は小さなソーラー充電器を買い、仕事中、バス移動中、洗濯中などに窓辺か、直射日光の当たるところに置いておきましょう。再生可能エネルギーで充電するということは、ガスや電気の使用量が減り、CO_2排出量が減るということ。もちろんあなたのガス代、電気代も下がります。

160 余った食べ物は持ち帰りましょう

インパクト指標

レストランから出る食品廃棄物の

34%

が客の皿に残った食べ物です

ピザ屋で頼みすぎて食べ切れない？ そんなときは持ち帰りましょう！ 食べ切れなかったら持ち帰ること。それがごく自然に行われている国もありますから、あなたも外食時の習慣にしてください。レストランから出る食品廃棄物は大きな問題なので（アメリカのレストラン業界は年1620億ドル＝約24.3兆円の食べ残しを廃棄しています）、捨てずに済む店側も、あなたと同じくらい喜んでくれます。

161 タマネギを育てる

インパクト指標

生産地から店舗への輸送がなければタマネギの炭素排出量は

28%

減ります

料理に欠かせない定番食材、タマネギは、やわらかいプラスチック製の袋に入って売られているのが普通です。プラスチックを避けて自分でタマネギを育てれば、ミートソースもカレーも、もっとサステナブルになります。

庭でも窓辺のプランターでも、タマネギは簡単に育てられます。底に水抜き穴をあけた古いプラスチックの桶でも、日当たりさえ良ければ育ちますよ。

晩秋に子球を植え込み、地上部の葉が枯れて倒れたら（植え込み後、およそ100日）収穫します。

162 人工ダイヤモンド

インパクト指標

天然ダイヤモンドの採掘に比べ、人工ダイヤの製造は、排出するCO_2が

95%

少なくて済みます。可能なら人工ダイヤを選びましょう

血塗られたダイヤモンドが欲しい人などいませんが、ダイヤモンドはすべて環境に大きな負荷を与えて採掘されています。人工ダイヤモンドは原子的には天然ダイヤモンドとまったく同じなのですが、地上で科学者がつくっています。カットもクラリティもカラットも思いのままです。

自分のダイヤのイヤリングが誰も傷つけることなくつくられたもので、環境への影響もさほどではないと知っていたら、さらに輝いて感じられませんか？ しかも、製造が比較的容易なので20〜30%安く手に入るんですよ(内緒ですけどね)。

163 ムール貝を食卓に

インパクト指標

ムール貝は1個で水

25L

をろ過して、ほかの生物も喜ぶきれいな海にしてくれます

自分の住んでいる地域のサステナブルな魚(165ページを参照)はもちろん知っておきたいですが、夕食にはムール貝もおすすめです。ロープを使ったムール貝の養殖は、余計な化学物質などを投じる必要がなく、廃棄物もあまり出ません。さらに、波の力を分散させるので海岸浸食を遅らせることになり、海岸にとっておおむねプラスに働きます。サステナブルなタンパク源としても優秀なほか、ビタミンとミネラルも豊富です。やるね、ムール貝！

フードバンクに寄付する

164

インパクト指標

フードバンクのボランティアの

80%

が人とのつながりが深まったと感じています。自分のためにも、ほかの人を助けられないか考えてみましょう

気候変動との戦いにおいて、社会的平等と正義は大きな意味を持ちます。飢えや寒さに苦しんでいては、地球規模の課題に取り組むこともできないからです。他人を救うことが地球を救うことにもなります。

できるなら、地元のフードバンクに寄付しましょう。直接寄付しても、スーパーマーケットなどの回収ボックスを利用してもかまいません。インターネットを使って、そのフードバンクで不足しているものを確認してください。寄付できるモノがない場合は、相当額の現金をオンライン寄付サイトから寄付することもできます。

多くのフードバンクは、年間を通じてさまざまなキャンペーンを実施しています（学校の長期休暇を乗り切るための食品の募集、クリスマスやイード[イスラム教の祝祭]、イースターといった季節のアイテムの募集など）。生理用品や洗面用品を募っていることもしばしばあります。

商品の寄付ができなくても、ボランティアとして時間を提供することはできます。仲間をつくればレジリエンスが高まり、より大きな課題に取り組む力が湧いてきます。

165 洗濯バサミの選び方

次に洗濯バサミを買うときは、プラスチックではなくステンレス製、あるいはFSC認証の木や竹でつくられたものを選んでください。環境に優しいだけでなく、プラスチックのものより長もちします(プラスチックは脆くなって割れ、埋め立てられる運命にあります)。洗濯物を干していないときは家の中で保管し、さらに長もちさせてください。正しく扱えば、ステンレスのものは一生使えるかもしれません。木や竹の洗濯バサミの場合は金属のバネを取り外して、金属は分けてリサイクルしましょう。

インパクト指標

ヨーロッパでは鉄はプラスチックの

9倍

近くリサイクルされ、新たな製品に生まれ変わっています

インパクト指標

旅行用のミニボトルは毎年

981トン

も埋め立てられています

166 プラスチックフリーのトラベルセット

今年はどこへ行くにも使えるトラベルセットを用意して、休暇中のプラスチック依存度を下げましょう。

・シャンプー、コンディショナー、ボディソープはミニボトルではなく固形にする
・マイボトル(B)、マイバッグ(B)、マイカップ(C)を携行する(BBCと覚えておく)
・メイク落としシートには手を出さず(60ページを参照)、代わりにフランネル生地を持っていく
・竹の歯ブラシを入れる
・繰り返し使えるカミソリも忘れずに(57ページを参照)

167 ピクルスのつくり方をマスターする

食べごろを過ぎた野菜も捨てないでください。ピクルスにすればエコで、しかもおいしい保存食になります。

基本的なピクルス液の材料は、同量の酢と水(たとえば各250ml)、塩大さじ1、砂糖大さじ2。そのほか、スパイス(コリアンダー、スターアニス、マスタードシード)、唐辛子、にんにく、生姜、ディルなどをお好みでどうぞ。

ガラスの空きびんを滅菌して、カットした野菜を層になるように入れます。ピクルス液を加熱し、びんに注ぎ入れます。ぎりぎりまで入れずに、上は少しあけておいてください。粗熱がとれてから冷蔵庫に入れます。数時間で食べられ、冷蔵庫で保管すれば数週間もちます。おすすめはキュウリとディル、コリアンダー、にんにく。あるいは、エシャロットと粒コショウ、マスタードシード、タイムです。

インパクト指標

まだ食べられる野菜や果物が年間

14.2kg

も廃棄されています。ピクルスにして救いましょう

168 アルミホイルはボール状にする

アルミホイルはリサイクルできます。ただし、小片はごみ処理の過程で見落とされてしまうことが多くあります。だから、使用後のアルミホイルはボール状にまとめる習慣をつけましょう。手のひらサイズより大きくなるまでは捨てません。異物が付着しているとリサイクルできないので、まずは汚れや食べかすを洗い落としてくださいね。

インパクト指標

米国の家庭はアルミホイルを年間

1.3kg

捨てています

169 靴は諦めずに修理する

現在のところ靴をリサイクルする方法は普及しておらず、大半が埋め立てられるか、焼却炉行きとなっています(37ページを参照)。

けれども、ごみ箱に捨てられる靴の多くは修理が可能なので、近所の修理屋を探して利用しましょう。すり減った靴底の交換、ヒールのぐらつきの修理、さらには、きつい靴の革伸ばしもしてくれます。買い替えずに済むのでお金の節約にもなります。

インパクト指標

地球全体で見ると毎年1人当たり

4足

の靴が製造されています

170 ハリネズミのために穴をあける

インパクト指標

1晩で最大

2km

移動するハリネズミのために抜け穴をつくってあげましょう

私たちが庭に立てたフェンスのせいで、ハリネズミ(などの野生動物)は昔からの採食ルートを断たれてしまいました。イギリスではハリネズミが絶滅危惧種となっていて、その数はこの20年間でおよそ75%減少しました。

でも、あなたにもハリネズミを救えます。フェンスに(お隣に相談してから)ハリネズミより少し大きい穴をあけて、行き来できるようにしてあげるのです。近所の人にも同様に穴をあけてもらえば、あなたの近くに棲まう動物たちの生存確率が上がります。

インパクト指標

衣類の

57%

が埋立処分されています。長く循環させて少しでも減らしましょう

171 衣料品の交換会を開催する

着なくなったアイテムを交換して、衣類に新たな人生を与えましょう。新しいものを買うのをやめるためでもお金の節約のためでもよいので、地元で洋服の交換会を開催しましょう。友人、家族、同僚を招待して参加してもらいます。参加の条件は、全員同じ数の衣類を持ってくること。

どんなものがあるのかわかるように並べたら(ハンガーラックとハンガーを借りておくといいですね)、いよいよ交換です。財布にも地球にも優しく、みんなにファッションによる影響の削減について考えてもらうきっかけにもなります(18ページを参照)。

172 テイクアウトの利用を控える

手軽なアプリのおかげでついつい注文してしまい、結果として、プラスチックの包装や使い捨てのカトラリー、ソースの小袋なども大量に受け取るということが多々起きています。

2018年、EUでは20億2500万個もの持ち帰り容器が使われましたが、そのほとんどはリサイクルできず、分解に何十年もかかります。疲れていて料理をしたくないときの衝動的な注文は、私たちにとって便利でも地球にとってはどうでしょう? 今月はテイクアウトを50%減らすと誓いませんか。

インパクト指標

テイクアウトの回数を50%減らし、それにまつわるカーボンフットプリントも

50%

削減しましょう

173 フリーザーバッグは再利用する

インパクト指標

カナダでは
プラスチックが

6%

しかリサイクルされていません。再利用できるものはしましょう

冷凍保存用の袋は便利です。ブロス用の野菜くずを貯める(11ページを参照)、まとめて下ごしらえした豆を保存するなど、いろいろ使えます。ほとんどが一度しか使われず、ごみ箱行きとなっていますが、温水で洗い、水切りに逆さまに立てて乾かすだけで再利用できますよ。

丈夫なプラスチックやシリコンでできた、厚手のフリーザーバッグを選びましょう。使い捨てる前提ではつくられていないので、まずは見る目を変え、保管して何度も再利用するものとして扱うようにしてください。

174 段ボールで仕切る

インパクト指標

米国では1年間で
樹木

10億本

相当の段ボールを使い
1650億個の荷物を輸送
しています

今度、しっかりした段ボール箱の荷物が届いたら、リサイクルに出すのはちょっと待ってください。フラップ部分をキャビネットの書類を仕切るのに使ってみましょう。また、ひきだしのサイズに合わせて切ったものに切り込みを入れ、複数を組み合わせれば立体的な仕切りもつくれます。ケーブル、塗料、靴、文房具など、どんなものでも収納できますよ。

インパクト指標

マインクラフトを120時間プレイするとCO_2が

3kg

排出されます。ゲームの時間を半分にして外に出ましょう

175 計画的なデジタルデトックス

これをするのはSNSに取りつかれた世界で正気を保つことだけが目的ではありません。画面の表示にはエネルギーが必要であり、CO_2が排出されます。ネットからしばらく離れることは心と体に良いうえ、個人のカーボンフットプリントを減らすことにもなるのです。

スマートフォンを置き、テレビを消し、ゲーム機をコンセントから抜く時間を毎週持ちましょう。ボードゲームやトランプで遊び、好きな運動やスポーツを見つけましょう。屋外で過ごす時間を増やせば体のリズムがリセットされますし、自然との深いつながりを感じることもできます。

176 キャンプやグランピングを楽しむ

休日は都会ではなく、公共のインフラが整備されていない場所に出かけ、グランピングやキャンプという冒険を楽しみ、旅行のフットプリントを減らしましょう。

毎日のストレスから解放され、自然に逃げ込みたいと思う人が増え、休暇のあり方が少し変わってきました。また、公共のインフラが整備されていない場所で過ごすということは、エネルギーと水をあまり使わない、ごみもあまり出ないということです。車ではなく電車で行き、テントを買わずに借りれば、いっそうグリーンな旅になります（107ページを参照）。

インパクト指標

キャンプはホテル宿泊の

1/10

しかCO_2を排出しません

177 コースターを手づくりする

たいていの家にコースターがありますが、自分でつくろうと思ったことはありますか？ 布のはぎれを使って、雑巾を縫うのと同じ要領でつくってみましょう。使わなくなったスクラブル[アルファベットが書かれた四角いコマを並べて単語をつくるボードゲーム]があるなら、コマを四角いコルクボードに接着剤で貼ったり、古い無地のタイルがあるなら、残ったネイルカラーと水を混ぜてマーブル模様を描いたり。簡単なつくり方をインターネットで探してみましょう。

インパクト指標

年に

1035万トン

もの布地が廃棄されています

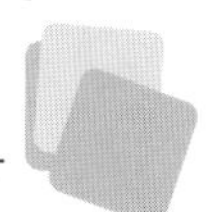

インパクト指標

ケトル満杯ではなくカップ1杯分だけを沸かせばエネルギーは

1/5

で済みます

178 必要な量だけお湯を沸かす

お茶が1杯欲しいときもパスタを茹でたいときも、お湯は必要な量だけを沸かしましょう。ケトルで満杯のお湯を沸かすのは、本当にそれだけ必要なときに限ってください。

179 ペットのおもちゃを見直す

ペットを飼っているなら、PVC（ポリ塩化ビニル）と有毒かもしれない化学物質でつくられた安いプラスチックのおもちゃを、きっと買ったことがあるはず。ほんの数週間で噛まれてダメになり、捨てられてしまいます。これからは綿ロープ、ジュート（黄麻）、ヘンプ（大麻）といった天然素材のおもちゃに切り替えてください。

インパクト指標

犬1匹が保有する玩具は平均

10～15個。

できるだけサステナブルなものを与えましょう

180 脱フッ素樹脂加工

インパクト指標

フッ素樹脂加工の寿命は
最長

5年

ですが鋳鉄の鍋やフライパンは一生使えます

焦げつき防止の決め手としてもてはやされたフッ素樹脂加工ですが、微小な汚染物質が環境に流出することがわかりました。生分解されず、人間の健康に悪影響を与える物質です。

だから、選ぶなら鋳鉄のフライパン。自然のままでも焦げつかず、製造工程で化学物質も有害物質も使われていません。しかも永遠にそのまま、つまり、あなたよりも長生きです。鋳鉄製の調理器具は中古品も出回っているので、安く手に入るかもしれません。

181 グリーンなパーティを開催する

次にパーティをするなら市販の飾り付けはやめて、天然素材やアップサイクル素材で手づくりしましょう。

・ポップコーンを糸に通してガーランド[ひも状の装飾]にする
・柑橘類のドライフルーツを糸でつなぎ、棚飾りにする
・ヒイラギなど常緑樹の小枝と季節の花を束ね、セットした皿に飾る
・小石に色を塗ってガラスびんに入れ、テーブルに飾る
・はぎれや古い寝具を切って、三角旗の飾りをつくる

インパクト指標

英国で販売されている
再生不可能なモールは
年間

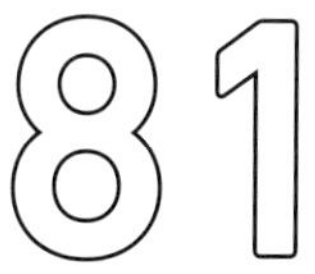

1250万メートル

にも達します

182 電子機器もリサイクルする

インパクト指標

電子廃棄物のうちの

930万トン

は個人用
通信機器です

昔の携帯電話やスマートフォン、タブレットが家に何台ありますか？山積みになる一方の電子廃棄物は深刻な問題となっていて、うち25%以上(930万トン)を個人用の通信機器が占めています。

電子機器はプラスチック、ガラス、金属が混在しているのでリサイクルが難しいのですが、内部に使われている貴重な金属(金、タングステン、コバルト)は取り出して再生利用できます。家にある古いデバイスを集めて、リサイクル業者に送ってください。

183 あなたの冷蔵庫は大丈夫?

インパクト指標

家庭におけるエネルギー代金とCO_2排出量の

13%

が冷蔵庫や冷凍庫によるものです

冷蔵庫や冷凍庫の性能を落とさないようにすれば、コストとカーボンフットプリントの両方を抑えられます。冷やすのに苦労している冷蔵庫は、それだけ多くエネルギーを使っているのです。今すぐ以下に取り組みましょう。

・ドアパッキンを掃除する、または交換する
・適切な温度設定かを確認する
・冷蔵庫の外も中も空気が循環していることを確認する
・台所を涼しく保つ

184 ポッド式コーヒーメーカーは使わない

インパクト指標

毎分

2.9万個

のコーヒーポッドが埋立処分されています。コーヒー習慣を変えましょう

使用するエネルギーの割合や包装のことを考えると、コーヒーはフレンチプレスで淹れるのが最もエコであり、ポッド式[メーカー指定のカプセルを使う方式]コーヒーメーカーは現代の悪夢です。世界全体では年間なんと590億個ものコーヒーポッドが消費されています。そのほとんどがリサイクルされず、分解に500年もかかり、「堆肥化できる」と言われているものですら言うほどエコではありません(103ページを参照)。今日のコーヒーはポッドマシンではなくフレンチプレスで淹れましょう。

185 紙製の卵パックを無駄にしない

卵が入っている紙製のパックは種まきにぴったり。つまり、園芸店でプラスチックのトレイを買う必要はありません。

卵を入れるくぼみの底に穴を1つずつあけてから、フタ側に重ねるか皿の上に置きます。ピートが含まれていない堆肥(36ページを参照)をくぼみに入れ、種をまきます。窓辺に置いて、繰り返し使えるフリーザーバッグ(92ページを参照)をかぶせて暖かくします。時期が来たら、この種まきポットごと苗を植え付けることもできます。

インパクト指標

米国の鶏卵業界は
年間およそ

40億個

の卵パックを使っています。再利用してもっと有効活用しましょう

186 愛すべきドライフラワー

ドライフラワー人気が復活しつつあります。生花よりも長もちし、たいていはプラスチック包装などありませんし、1年中飾れます。

次に花を買うときは、生花ではなくドライフラワーにしませんか？あるいは、自分でラベンダー、バラ、アジサイ、ポピーなどを乾燥させましょう。逆さにして、乾燥した風通しの良い暗い部屋に吊り下げておけば、2週間でできあがります。

インパクト指標

生花なら7〜10日のところ、ドライフラワーは最長

3年

楽しめます

187 ワインを使い切る

インパクト指標

一般家庭から毎週グラス

2杯分

のワインが廃棄されています

ボトルに少しだけ残ったワインは（ありがちですよね）肉を焼いたあとのフライパンでソースをつくったり、リゾットやシチューに深みを与えたりするのに最高です。製氷皿で凍らせておけば、いつでも必要なときに使えます。

188 地元探検を楽しむ

ハイキングやウォーキング用のアプリをダウンロードして、今まで知らなかった地元の魅力を見つけましょう。昔の巡礼の道から新しい海岸沿いの小道まで、外に飛び出せば発見があります。車を置いて出かける場合も、ウォーキングイベント（172ページを参照）に参加する場合も、家族や友人も誘ってくださいね。

インパクト指標

自然の中を

30分

歩けば体内のビタミンDが増えます

インパクト指標

毎週水曜日は小麦を食べないようにすれば年

7kg

のCO_2削減になります

189 小麦なし水曜日(ウィートレス・ウェンズデー)に挑戦

時間がないとき、パスタやトーストは手軽でいいですよね。でも、小麦は人間が消費するカロリーの20%を占め、世界中で小麦ばかりが栽培される単一化が進んでいます。大規模な工業的生産は生物多様性を脅かしていますし、健全な土壌の破壊から水域の富栄養化まで、環境に及ぼす悪影響は数え切れません。

肉なし月曜日(ミートフリー・マンデー)(36ページを参照)や魚なし金曜日(フィッシュフリー・フライデー)(108ページを参照)のように、週に1日、大量生産されている小麦などの炭水化物を摂取しない日をつくってみてください。

190 暮らしにスパイスを

スパイスが空になった? びんは捨てないでくださいね。ほとんどがプラスチックとガラスの組み合わせなので、リサイクルには手間がかかります。だから、近くのゼロ・ウェイストのお店(6ページを参照)に持っていってスパイスを詰めるか、以下を参考に次の使い道を考えましょう。

・クラフトプロジェクトのときの塗料入れとして使う
・ココアや粉糖を入れ、ケーキ、パイ、カプチーノのシェイカーとして使う
・ヘアピン、イヤリング、縫い針・まち針などの細かいものを保管する
・自家製ドライハーブ(66ページを参照)を詰める

インパクト指標

ガラスの製造は年間

8600万トン

のCO_2を排出しています。ガラスびんをもっと活用しましょう

191 規格外野菜を救おう

グリーニング(gleaning)は落ち穂拾いという意味で、スーパーマーケットに仕入れを断られた規格外、余剰の農作物を集めたり、梱包したりして、再配分することを言います。グリーニングのグループは世界各地で誕生しているので、インターネットで検索すれば近くの団体や販売所がすぐに見つかります。ぜひ参加して、食べられるのに捨てられてしまう野菜を救ってください。

インパクト指標

出荷もされず
廃棄される

15%

の農作物の再配分に協力しましょう

インパクト指標

4000種

の化学物質をまき散らさないよう天然の香水に替えましょう

192 天然の香水に替える

現在市場で売られている主な香水には石油から合成された化学物質が含まれているのをご存知ですか？ 製造に多くのエネルギーを使い、室内の大気汚染の原因になっているのもご存知でしょうか？

天然の香水の原材料は、エッセンシャルオイル、サステナブルに調達された天然素材、植物の抽出物です。香りもきつくありません。

それでも環境への負荷はあり、認定基準を満たさないものも存在しますが、全体としては地球に優しい産業です。探すときは以下の点を押さえましょう。

・地産地消のもの(カーボンフットプリントを削減できる)
・季節の香り
・缶入りの練り香
・動物実験を行っていないヴィーガンなもの
・認証を受けたサプライチェーンのもの(原材料の産地がわかる)

193 コルクを取り入れる

インパクト指標

屋内で

50年

もつコルクはプラスチックの代替に最高です

コルクとは樹皮であり、持続可能な方法で管理すれば再生させられると知っていましたか？ しかも、定期的に採取することで、その樹木はより多くのCO_2を吸収できるようになります。家でもプラスチックのものをコルクに替えていきましょう。試しに以下のようなアイデアはいかがですか？

・コルクのランチョンマット
・コルクのフローリグ
・コルクのバスマット
・コルクのタイル（断熱効果という嬉しいおまけ付き）

194 ミツバチに残してあげる

あなたは今年、野菜、花、ハーブなどを育てていますか？ ミツバチはミントもブロッコリーも、何でも大好きです。あなたのガーデニングを手伝ってくれている（70ページを参照）ので、あなたもお返しをしてあげましょう。

野菜もハーブも、一部をミツバチの分として残しておいてください。あるいは、必要量だけを収穫して、残りはそのまま花を咲かせましょう。収穫の季節の終わりは、元気で働き者の友だちが最もえさを必要とするとき。あなたの花がきっと役に立ちます。

インパクト指標

野花の

80%

は主にミツバチが受粉を手伝っています。ミツバチは農作物の受粉でも重要な役割を果たしています

195 野菜や果物を箱買いする

地元の農家、共同農園、ネット販売者などから旬の果物や野菜が箱で届くサービスに申し込みましょう。「1日に野菜5皿分以上(five-a-day)」という目標をあっさり達成できるうえ、スーパーマーケットのかごに一緒に入ってくるプラスチック包装も減らせます。次のようなサービスを提供する事業者を選べば、よりサステナブルです。

- 規格外野菜、余剰野菜
- 電気自動車による配達
- 指定場所での受け取り
- 箱のリユース
- 地元の有機農産物

インパクト指標

形がいびつ、不格好という理由で市場に回らない野菜は英国では最大

40%

にのぼります

インパクト指標

1頭の羊から年

4.5kg、

セーター6枚分のウールが得られます

196 ウールを支援する

工場で染色したウールには合成化学物質が含まれている場合があり、生物多様性の消失につながるうえ、動物福祉も保証されていません。この冬は地元や国内のニットブランドを支援して、ファストファッションへの依存度を下げましょう。

ウールは動物の副産物なので、責任ある飼育をされた羊の毛であってほしいですよね。さまざまな認証(責任あるウール規格:Responsible Wool Standardなど)があるのでチェックしましょう。また、国内のニット業界を支援することは、失われつつある重要な製造技術を守る投資にもなります。

グリーンウォッシュに騙されない

197

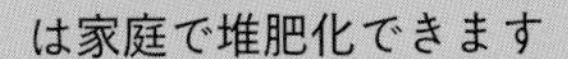

インパクト指標

平均的なごみ箱の中身のおよそ

40%

は家庭で堆肥化できます

誰もが環境への影響がゼロの製品を望んでいますが、中には話がうますぎて怪しいケースもあります。「生分解可能」、「堆肥化可能」といった言葉を使いながらも、その製品がどれくらいで生分解されるのか、どのような場所で堆肥化できるのかといったことがわからないため、誤解を招くことがあります。

「堆肥化可能」と謳(うた)っていながら、工業用の生ごみ処理機でなければ分解できないことも多くあります。しかし、実際にそんなものを利用できる人はほとんどいません。そのため、通常はリサイクルできません。ラベルに「home compostable(家庭で堆肥化可能)」と書かれた製品を探しましょう。それなら裏庭の土の中やコンポストボックスで分解されます。

「生分解可能」という言葉は、分解するのに何十年もかかる場合も使用されます。これが大きな誤解につながるのですが、埋立地には分解を促進する土も空気もないため、廃棄物の分解には信じられないほど時間がかかります。ここで大切なのは、可能な限り包装を減らして最小化すること、そして、どうしても包装が必要な場合は、リサイクル可能なプラスチックフリーの選択肢を探すことです。

198 中古家具を歓迎しよう

新しい家具やインテリア用品を買う前に、誰かが大事にしていたものが手に入らないか探してみましょう。ランプ、ソファ、コーヒーテーブル、ガーデンファニチャー、ベッドなどなど。ネットオークションから地元の中古市、リサイクルショップ、トランクセール[車のトランクに不要品などを並べて販売する催し]まで、完璧な中古品が見つかる場所は無限にあります。

逆に、あなたの愛した家具に新しい家を見つけてあげることも忘れてはなりません。多くの家具や家庭用品は、製造と輸送の段階で莫大な量のCO_2を排出しているうえ、安い素材のものはリサイクルが難しい場合もあります。今あるものを人から人へと循環させ続けることが、あなたのできる最もエコなことなのです。

インパクト指標

中古のたんすのカーボンフットプリントは新品の

1/16

です

199 木製ハンガーに替える

アメリカだけでも、毎日1500万本以上のプラスチックハンガーが捨てられていて、その85%が埋立処分され、土壌に有毒な化学物質をしみ出させています。

FSC認証を受けた木製か、あるいはサステナブルな竹製のハンガーに替えるのは難しいことではありません。そうしたハンガーは何年も使え、曲がることも折れることもなく、しかも、服の形をより美しく保ちます。

インパクト指標

世界中で毎年埋め立てられている

80億本

のプラスチックハンガーを減らしましょう

200 休日の過ごし方を変える

今年は休日をサイクリングの日にしませんか？ 自分のエネルギーを使って休日を楽しむというのは、最高にサステナブルな過ごし方ですし(CO_2を出しません)、ゆったりとペースを落とし、小さなことをゆっくり楽しむ機会になります。近所の川沿いの道をのんびり走るのも、異国の野原をさっそうと突っ切るのもいいでしょう。身軽に移動することは、私たちが排出するCO_2の量を削減するための大きな鍵なのです。

インパクト指標

自転車にほぼ毎日乗るようにすれば病気で寝込む日が最大

40%

減ります

201 消費者としてプレッシャーをかける

私たちには大手ブランドの行動に影響を与える力があり、プラスチック削減への取り組みを促すには全員の力を集結させる必要があります。いまだにプラスチックを使っているお気に入りのブランドを選び(飲料用のボトル、ポテトチップスのパッケージ、化粧品の容器、プラスチックの包装など、なんでもかまいません)、プラスチックを使うのをやめるよう手紙で伝えてください。ネット上に見本がたくさんありますが、自分で書くなら次の点を考慮しましょう。

・自分のこととして書く：なぜ変えてほしいのか、その個人的な理由を伝える
・論理的に書く：小さな変更が環境にとって大きな意味を持つことを伝える
・礼儀を忘れない：お願いごととして気持ち良く伝える
・公にする：あなたの手紙と相手の反応を公開する

インパクト指標

消費者からの圧力により香港ではプラスチックストローが2年間で

40%

減りました

202 エアコンを賢こく使用する

インパクト指標

エアコンを1日消すことで大気中に放出されるCO_2を

68kg

削減できます

エアコンは地球にとっては最悪です。大きなエネルギーを消費するうえ、オゾン層を破壊する冷媒を使っています。2050年には温暖化の25%がエアコンに起因すると考えられています。エアコンを使わない暑さへの対処策を見つけなければなりません[現状、日本の夏期においてエアコンを使わないことは、熱中症などの危険を伴います。適切な温度設定にする、つけたり消したりを繰り返さないなど賢く使用する方法が求められます]。

・日中はカーテンやドアを閉めておく
・家の対角線の窓をあけて家に風を通す
・通気性のあるオーガニックコットンの寝具で眠る(28ページを参照)
・扇風機の前に氷水を入れたボウルを置き、冷たい空気を循環させる
・暑い日は煮たり焼いたりの調理を控える

203 ファイルを削除する

インパクト指標

ファイルを100GB削除すればCO_2が年間

200kg

減ります

世界的なデータセンターが排出する温室効果ガスの量は、今や一部の小さな国をもしのぐほどで、世界全体で使用されている電気の1%を占めています。

そのクラウドに私たちが書類、メールの添付ファイル、画像、動画などをどかどか保存するので、フットプリントは日々膨れ上がる一方です。

週末ごとに数分でよいのでファイルを削除してストレージの使用量を減らす時間を設けましょう。あなたの保存するものが減れば、データセンターが使用するエネルギーも減ります。

インパクト指標

毎年

1.4万トン

の日焼け止めクリームが海に溶け込んでいます

204 日焼け止めクリームを替える

現在主流となっている日焼け止めクリームの一部にはオキシベンゾン、オクチノキサート、オクトクリレンが使われています。これらはサンゴ礁には有害で、海洋生物にダメージを与え、海の生き物の免疫システムに害を及ぼします。私たちの体から流れ落ちた日焼け止めが、毎年トン単位で海を汚しているのですから、いい加減になんとかしなくてはなりません。

サンゴ礁に安全な日焼け止めクリーム(オーガニック認定のものやヴィーガンのもの)に替えましょう。容器に再生プラスチックを使っているものや、詰め替えられるもの、リサイクルできるものもありますよ。

205 テントは借りる

新しい循環型経済に賛成かどうかにかかわらず、レンタルやシェアのアプリの増加は確かな事実であり、それは服(84ページを参照)に限った話ではありません。車からテントまで、あらゆるものが個人間で貸し借りできるようになりました。

この夏、屋外でのイベントを予定しているなら、テントは新しく買わずに(最悪なのは買うだけ買って放置すること)レンタルしてください。あるいは、お持ちのテントをアプリで貸し出せば、ちょっとした小銭が稼げますよ。

インパクト指標

レンタルテントのカーボンフットプリントは、新品を買って一度しか使わない場合の

1/90

です

206 魚なし金曜日（フィッシュフリー・フライデー）

商業的な漁法により世界の漁業資源が苦境に立たされているなか、世界全体では1人当たり年22kgもの魚を食べているのを知っていましたか？

どこで、どうやって獲った魚なのか、地元の海や川では何が獲れるのかを重要視しなければなりません。タラのような人気の魚は地球の反対側で獲れたものであることが多く、輸送のために炭素を排出しているうえ、増加する需要が乱獲を引き起こしています。

総需要を下げるため、金曜日は魚を減らすと決めましょう。代わりに食べるものとしては、グルテンミート、豆腐、ジャックフルーツ、バナナブロッサム[バナナの花の蕾（つぼみ）]がおすすめです。また、多くのスーパーマーケットがヴィーガン食材でつくられた魚の代替品を販売しています。

インパクト指標

年間およそ

64万トン

の漁具が海に投棄されています

207 土壌の健全性を高める

インパクト指標

EU全土で健全と言える土壌は

30%

しかありません

家庭菜園を楽しんでいますか？ カラフルなボトルに入った化学物質から離れ、自然に立ち返りましょう。市販の肥料を長く使うことは著しく土壌の健全性を損ね、昆虫に害を及ぼし、河川を汚染します。栄養価の高い食物を育てるには健全な土壌が不可欠で、それは土壌浸食を防ぎ、洪水の増加と戦うことにもなります。

トゲだらけのネトル（セイヨウイラクサ）（113ページを参照）はすばらしい万能肥料になります。手袋をして、12～15リットルの容量のバケツに半量程度のネトルを入れ、水10リットルを加え、数週間ほど放置します。できた液をさらに10倍の水で薄め、菜園にまきましょう。

バケツ一杯のコンフリー（ヒレハリソウ）と水15リットルも同様に混ぜ、こちらはそのまま薄めずに使えます。コンフリーはカリウムが豊富に含まれているので、果実の栽培に向いています。

208 金継ぎに挑戦する

割れた皿、ボウル、花びんなどを最後に捨てたのはいつですか？ 次に割れたらアプローチを変えて、金継ぎに挑戦してみましょう。陶磁器を漆と金で修繕する美しい日本の伝統です。

経験が私たちを強くするように、陶器もヒビや欠けが魅力になります。できる限り長く愛し、必要に迫られない限り買い替えないことを自分の決め事(または自慢)にしましょう。

インパクト指標

金継ぎの哲学を日常生活にも感じましょう。

傷ついた心も癒されます

209 シンク下のものを見直す

自宅に直接届くよう注文したものにしても、スーパーマーケットで買ってきたものにしても、私たちの家には洗剤類のボトルが溢れています。中身の75〜85%は水で、そのせいで輸送に伴う排出量が大きく膨らんでいることをご存知でしたか？

キューブ型、小袋入り、液体タイプなどの濃縮製品を買えば、輸送と製造に伴う排出量が少なくて済み、プラスチックごみも減ります。家で希釈するだけですぐに使えますよ。

・食器洗い用の液体洗剤をやめて、ぬるま湯に溶かして使う粉末にする
・食器洗浄機用タブレットをポスト投函可能な紙箱で配達してもらう
・液体濃縮洗剤を買い、繰り返し使えるスプレーボトルで希釈する

インパクト指標

濃縮タイプに替えれば洗剤のプラスチックごみを最大

90%

削減できます

210 使い切りの小袋は断る

外で食べるとき、小さなケチャップ、ミルク、ソースなどの小袋についつい手を伸ばしていませんか？ そうした製品は世界全体では年850億個も生産されていますが、小さすぎてリサイクルできず、その1つ1つが分解されるまで500年かかります。ちょっとつけるだけのソースが、環境にとてつもない影響を与えているのです。

インパクト指標

ガラス容器に入ったケチャップを使えば埋立処分される小袋

30個

を削減できます

211 ヘアブラシを替える

インパクト指標

1人が生涯に使うヘアブラシの数は平均

120本

に達します

ヘアブラシの大半はさまざまな素材が使われているためリサイクルできません。捨てられたものは何百年と埋立地に留まるか、焼却処分されています。木や竹でできたヘアブラシに替えましょう。理想はクッションに天然ゴムを使った(髪にも優しい)ものです。

212 名刺にさよならを

名刺はあまりに20世紀的で、その威光はもはや過去のものです。自分に関する情報を提示する方法にもアップデートが必要です。二次元コードを表示してクライアントに読み取ってもらう、連絡先共有アプリを利用するなどしてみましょう。

インパクト指標

名刺を100枚減らすことはA4サイズの紙

10枚

の削減になります

213 近くの自然保護区を訪れる

インパクト指標

非保護区と比べ、保護区には最大

14%

多くの種が生息しています

あなたの住んでいる地域には、在来種の動植物の保護・保全活動に取り組んでいる団体はありますか？ あるなら連絡を取り、周囲の環境改善のために何ができるか確認しましょう。地球温暖化防止のために活動しているほかの人たちとの関係を構築して、あなたの地域で栄えるべき種について、理解を深めましょう。気候変動対策をより身近に感じさせてくれるとともに、変化は起こせるという思いを強くすることにつながります。

今月は以下のことに挑戦しましょう。

・地元の自然保護でボランティアをする（自分の時間と技術を提供する）
・地元の自然保護団体の資金調達に協力する
・小銭を寄付（14ページを参照）して目標達成を支援する

214 地元で栽培された花の香りを楽しむ

インパクト指標

輸入花ではなく国内栽培の花を選べばCO_2排出量は

1/10

になります

輸入の花よりも地元栽培の花を選んでCO_2の排出を減らしましょう。美しい時期を過ぎてしまっても捨てないでください。多くの花は、花びらを使ってフラワーウォーターミストをつくれます。バラはその代表。以下の要領でつくって、いつもの化粧水の代わりに顔にスプレーしましょう。

お湯を沸かしてバラの花びらを入れ、色素が花びらから抜けるまで煮ます。そのまま冷ましてこし、繰り返し使えるスプレーボトルに入れたら、冷蔵庫で最長6ヵ月もちます。

215 海運の排出量を減らす

船舶輸送はCO_2の排出量が多い産業の一つです。食品の60%が船で運ばれており、商業船舶輸送で排出されるCO_2は、世界全体の排出量の2.5%を占めます。

南米のチョコレートとコーヒー、イタリアのワインとオリーブなど、すでに帆船を使って国際輸送されている食品も一部あります。また、川や運河を使って郊外と都市を結ぶ小さな帆船も、再び物資輸送にも使われはじめています。

インパクト指標

帆船輸送をするブランドを選んで買うことで、食品全体のカーボンフットプリントから

10%

CO_2を減らせます

インパクト指標

私たちが1年間に消費する生物資源は、地球が再生可能な量の

2倍

近くに達しています

216 何も新しく買わない1カ月

私たちの過剰消費が地球を殺しています。オーストラリア人が2020年にネットで注文した荷物は10億箱ですが、オーストラリアの人口は世界の0.3%にすぎません。

なんでも新しく買い、あっという間に家まで届けてもらう生活に慣れ切ってしまい、今すでに持っているものを修理する、不要品を交換するといったことをしなくなりました。けれども、個人販売のサイトやSNS上の物々交換グループ、古着売買アプリなどが身近になった今、新しいものを買わずに済ませられます。今日から1カ月間、新しいものは何も買わないと誓いましょう。

インパクト指標

スーパーで売られている製品の

50%

にパーム油が含まれています。需要を減らすために食べられるギフトを自分でつくりましょう

217 ギフトを手づくりする

次の誕生日プレゼントは市販品をやめて手づくりしましょう。これ以上「モノ」が必要な人はほとんどいません。恐ろしいことに、とんでもない量が返品(67ページを参照)されるか捨てられています。

常に喜ばれるのは自家製の食べられるギフト。クッキーの材料をびん詰めにして贈りましょう。ネット検索すればいろいろなレシピが見つかるので、気に入ったものを自分でつくってみましょう。小麦粉、重曹、砂糖、スパイス、チョコレートチップ、マシュマロ、ナッツ、ドライフルーツなどの乾燥食材を空きびんに詰めるのですが、しっかり密封すれば何カ月ももちます。ひもやリボンを結び、焼き方を書いた手づくりラベルを貼りましょう。

218 ネトルは怖くない

エシカルなファッションブランドがネトル(セイヨウイラクサ)の繊維を使い、服を開発しています。ネトルには家での用途も多く、おまけに自分で摘めば無料です。ただし、摘むときも扱うときも、熱を加えるまでは厚手の手袋をお忘れなく。

・ジャガイモ、レモン、にんにくと一緒にスープに
・家庭菜園の肥料に(108ページを参照)
・葉を煮れば、おいしいネトルティーに
・自家製のパン、スコーン、ケーキ、スムージーなどに加えて

インパクト指標

ネトルはビタミン

A、B、C

および健康に良いミネラルが豊富です

219 仕事環境をもっとグリーンに

オフィスにいないとき、ランチに出かけるとき、1日の仕事が終わったときはモニタとパソコンの電源を切り、「エネルギー吸血鬼」から守りましょう。夜間のスタンバイのあいだもエネルギーは吸い取られているのです(9ページを参照)。

インパクト指標

24時間立ち上げたままのパソコン1台は年

680kg

のCO_2を排出します

220 生分解する紙吹雪をつくる

インパクト指標

1回の結婚式で出るプラスチックごみは

20kg

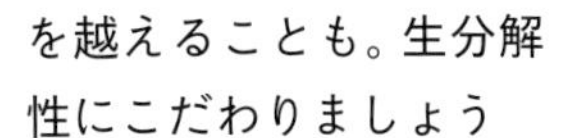

を越えることも。生分解性にこだわりましょう

次に参加する結婚式の紙吹雪はよりサステナブルを目指して、合成素材ではなく生分解するものにしませんか？ 自分でも手づくりできるうえ、至福の香りがしますよ。色とりどりの花びらを集めて耐油紙に広げたら、低温のオーブンに入れて15分、水分を飛ばします。美しくラッピングして、結婚式に持っていきましょう。

221 コンタクトレンズを見直す

イギリスでは毎年7.5億枚以上のコンタクトレンズが捨てられていて、そのほとんどが水に流されるか埋め立てられています。また、非常に薄いので簡単にマイクロプラスチックになります。デイリータイプではなく、もっと長く使い続けられるレンズに替えられませんか？

インパクト指標

マンスリーレンズに替えれば年

400g

のプラスチック削減になります

インパクト指標

ペットボトル1本の生分解には

450年

かかるので、できるだけ長く再利用しましょう

222 燃えているのを感じる

知っていましたか？ ペットボトルはトレーニング用の器具として再利用できます。1〜2本用意して、水を入れてダンベルの代わりにしてください。重すぎるなら、水の量を半分に。鍛えて筋力が上がったら、いっぱいまで水を入れましょう。

223 フロートはもう買わない

インパクト指標

英国人の

34%

が休暇後に浮き具を捨てています。並べると5300kmにもなります

休暇といえば水遊び。泳ぎにいくときやビーチへ旅行するとき、地元のプールで水遊びするときでさえ、新しいフロート（浮き具・浮き輪）が欲しくなるものです。でも、それらは地球にとっては恐ろしい代物。

手持ちのフロートをダクトテープと接着剤で修理して、できるだけ長く使いましょう。そして、新しいものは二度と買わないと約束してください。

ソフトなPVCは化石燃料からつくられていて、耐久性はありますがほとんどリサイクルされません。破れてしまったフロートは、もうどうにもならないと考えていいでしょう。バッグや財布といった小物につくりかえることはできますが、完全なリサイクルは不可能なのです。

224 野菜を蒸す

料理をするとき、重ねて蒸すという手法を取り入れれば、使うコンロの数を減らせます。竹のせいろを買ってきて重ねましょう。フライパン1つからの蒸気で、何層もの野菜を蒸せます。

インパクト指標

重ねて蒸せば、
茹でる場合の

1/2

のエネルギーで済みます

インパクト指標

1人での車移動をやめて
相乗りすれば、あなたの
年間CO_2排出量は最大

28%

下がります

225 相乗りはクール

通勤、学校の送り迎えなどに公共交通機関が使えないなら、相乗りを始めてみませんか？ すでにあるものを共有することは、CO_2排出を削減する手っ取り早い方法です。

簡単に言えば、道路を走る車が少なくなればそれだけ排気ガスが減り、大気汚染も交通渋滞も緩和するという理屈です。しかも、駐車代も減ります。

近所の人、同僚、友人とシェアできる通勤・通学や買い物等の日常移動はありますか？ タクシーも（安全だとわかっている場合は）相乗りしませんか？ 今週、一度は相乗りをしてみましょう。

インパクト指標

壁をグリーンで覆っておけば晴れた日の壁の温度が少なくとも

6℃

下がります

226 家ではクールに

地球温暖化により、特に都市部では暑さによる「熱ストレス」が増加しています。そのため、自然な方法で室温を下げる重要性が高まっています。絶対に効果がありますから、長期戦でいきましょう。夏の壁を涼しく保つにはツタが最適だということはわかっているのです。しかも、ツタは天然の断熱材の役割も果たすので冬は室内の熱を逃がしません。

狙うのは日のよく当たる南向きの壁。つる性の常緑植物を探し、必要であればトレリス(格子状の柵)などを立てて生育を手伝ってあげましょう。

227 一生使いのトートバッグ

罪悪感まみれで戸棚に詰め込まれるレジ袋に代わり、トートバッグの利用が急速に広まっています。でも、プラスチックフリーが嬉しいトートバッグもCO_2排出フリーとはいきません。

トートバッグは主に綿でできていますが、綿は栽培に大量の水を必要とします。また、色やロゴは多くの場合、PVCを基材としています。つまり、普通のコンポストでは分解しないのです。課題はまだあります。エコバッグ(22ページを参照)と同じで、1つあればいいところを大量に所有しがちです。

トートバッグをお持ちなら今後はできるだけそれを使い、お店やイベントでもらえても断りましょう。汚れたら洗い、長く愛用してください。

インパクト指標

綿のトートバッグは

131回

使わないと、使用1回当たりのCO_2排出量が使い捨てレジ袋を上回ってしまいます

地球に優しいニュースを受け取る

インパクト指標

後ろ向きなニュースを避けることで

18%

楽観的になれます

環境ニュースにいらだち、鬱々とスクロールするのは簡単です。でも、ニュースフィードを前向きで課題解決志向のメディア情報で満たせば、よりポジティブな気分で抗議行動を起こそう、法律や業界の動きを後押ししようという気持ちも高まります。

幅広いジャンルを扱う独立系情報源は、民主主義を機能させるのに重要です。また、従来型のメディアや主流となっているメディアに対して、あなたがニュースや特集を読んでいるのはどこなのかを示すことは、業界全体の変化をスピードアップさせます。

自分の価値観に合うニュースや情報の発信元を積極的に探しましょう。ニュースの受信登録をすることやSNSでフォローすること、購読料を支払うことで、その発信元をサポートしてください。

229 芝刈りなし月間（ノーモウ・マンス）

インパクト指標

芝を刈らなければ英国ではマーガレットやヤグルマギクなど、最大

200種

の花が育ちます

環境に配慮して暮らすことで面倒事が減るとしたら、こんなに嬉しいことはありませんよね？ 庭がある人にとって見逃せないのが今回のアクション、「1カ月、芝刈りをしない」です。クローバーへの変更(135ページを参照)がまだなら、そのまま放っておきましょう。

草を刈ると昆虫の生態系が乱れ、土壌の健全性が損なわれ、ミツバチが蜜を集める花もなくなります(131ページを参照)。理想は一部を自然に任せ、残りは月に一度刈ること。これで野花もミツバチも、そのほかの野生生物も元気に育ちます。

銀行の賢い使い方

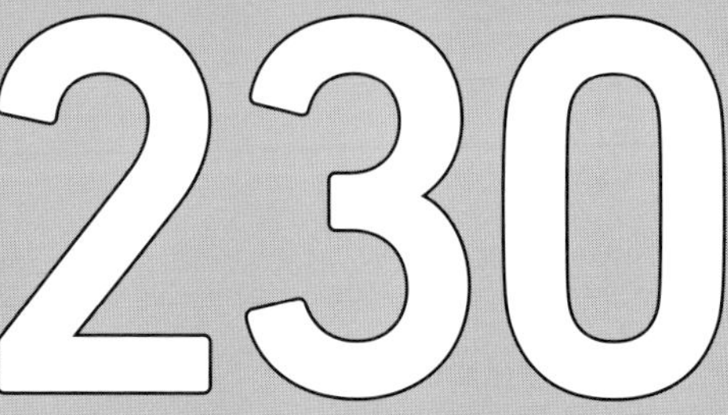

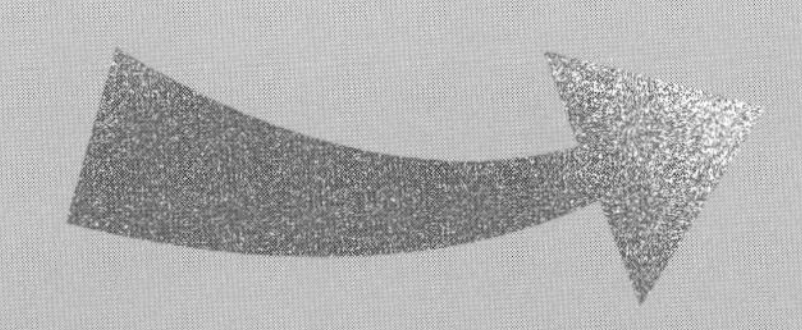

インパクト指標

2015年のパリ協定
以降も

3.8兆ドル

(約570兆円)が化石燃料
に投入されています

あなたが使っているのがネット銀行であれメガバンクであれ、今こそ、そのキャッシュカードをより良い未来のための切り札にしましょう。ほとんどの銀行は昔からの伝統として、最高のリターンを得られる産業に投資してきました。つまり、化石燃料、タバコ、製薬などです。しかし、環境に害をなすそうした企業にお金を回したくないなら、あなたには止める力があります。

利用している銀行に社会的責任と先進性を求める(54ページを参照)ことは、茶色く汚れていたあなたのお金をグリーンに変えることにつながります。メールの書き方はネット検索すれば見つかります。理想を言うなら、パリ協定を見据えて目標達成への道筋を提示するよう、お金を預けているすべての企業に対して求めたいものです。

あるいは、地球にプラスとなる産業のみの支援を約束している金融機関に移りましょう。「Fossil Free Banking Alliance(化石燃料フリー銀行連合)」のような認証スキームの一員となっているところを選んでください。

231 クリーンな爪やすりに

ちょっとしたものの置き換えだけで地球への負荷を減らせる場合があります。今日ご紹介するアクションもその1つ。使い捨ての紙製ネイルファイルはやめて(リサイクルできません)、繰り返し使えるガラス(やわらかい爪に優しい)や金属の爪やすりに替えましょう。リサイクルもできます。あるいは、砂岩でできた爪やすりはどうですか? まったく同じように使えて100%天然素材です。

インパクト指標

ガラス製に替えれば毎年

10枚

の爪やすりを
埋立処分せずに済みます

232 中古のスマートフォンを選ぶ

インパクト指標

新品ではなく中古再生品のスマートフォンを購入することで炭素排出量を

87%

削減できます

1秒間に9023台ものスマートフォンが捨てられています。それらには貴金属(非倫理的な採掘が常態化している)が使われているだけでなく、土壌や水に溶け出してほしくない化学物質も含んでいます。世界人口の84%がスマートフォンを所有している今、できるだけ長く使い続けることが求められています。今度壊れて修理できなかったら、次は中古品を選びましょう。

ポリエステルには手を出さない

インパクト指標

ポリエステルは1kg当たり

27.2kg

のCO_2を排出します。よりサステナブルな生地を選びましょう

生地やファッションに関してより地球に優しい素材を見分けることは簡単ではありません。サステナブルに生産された純粋な天然繊維(ヘンプ、リネン、ウールなど)にこだわるなら別ですが、高価になることもあります。私たちが着ている衣類の65%にプラスチックが含まれている現状です。つまり、ファッションに熱中することは地球に時限爆弾を突きつけるようなものなのです。

ポリエステルは3番目に多く使われているプラスチックです。原料は化石燃料で分解に最長200年かかり、有害な染料が使われていることも多々あります。この夏は脱ポリエステルを誓いましょう。

234 残り物で手抜きランチ

作り置きをしたり、残り物の使い道を考えたりすることを、面倒というより楽しいものとして捉えましょう。数食分のおかずを一度につくるということは、その週はいつもより少しだけきちんと暮らせるということ。ごみが減り、エネルギー使用量が減り、プラスチック包装されたサンドイッチを買いに走る回数も減ります。

簡単にできて続けられる方法を探しているなら、夕食を多めにつくって翌日のお弁当に回しましょう(もちろん弁当箱は繰り返し使えるものを――156ページを参照)。最高に簡単ですよね。

インパクト指標

店でサンドイッチを買うのをやめて

弁当を持参すれば、昼食によるCO_2排出量が半減します

235 投票には必ず行く

与えられた機会をすべて捉えて投票することは、議論の席に着き、世界の未来について発言することです。民主主義というのは脆く、私たちの全員が役割を果たさなければ成り立ちません。無関心では、私たちにとってのより良い未来も、将来の世代にとってのより良い未来も築けないのです。だから、投票しましょう。候補者について調べ、自分の選択肢を共有し、地域社会に伝えましょう。選挙に勝つのはサステナブルな仕組みを切り開くリーダーである——そう示す力になってください。

インパクト指標

生態系の持続可能性に取り組むグリーンな党は世界に

80

あります

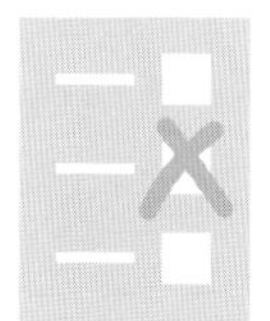

インパクト指標

ニンジンを自分で育てれば100gにつき車の走行

200m

相当の

CO_2を削減できます

236 自分で育てる再生野菜

知っていましたか？ これまで捨てていた野菜くずからも、また野菜を育てられるのです。その方法は以下のとおり。

・にんにく：緑の芽が出たものを尖ったほうを上にして鉢に植え、水をやります。8〜9カ月たって葉が枯れたら、新しいにんにくを掘り起こします。
・ニンジンのへた：少し緑がかったへたを選び、水を張った浅い容器で日の当たる場所に置きます。2日ごとに水を取り替え、新しい葉が出てきたら鉢に植えます。葉だけが外に出るように土をかぶせましょう。3〜4カ月で新しいニンジンができます。
・青ネギ：根っこから2.5cmほどでカットし、水を入れたグラスに立てます。1週間前後で新しい葉が出てきます。

インパクト指標

歯磨き粉をタブレットに替えれば、埋立処分されている1人当たり年

6本

の歯磨き粉チューブをなくせます

237 タブレットで歯を磨く

歯磨き粉の入っているチューブの大半はリサイクルできず、分解されるまでに500年もかかります。それでは、歯磨きには何を使えばいいのでしょう？ タブレットならもっとサステナブルで、多くは再利用も再生も可能なガラスびんに入っています。原材料は重炭酸ナトリウム（重曹）、炭酸カルシウム、キシリトールなどで、フッ素入り、フッ素なし、どちらもあります。「無水」で販売されていることが多いので、自分で噛んでペースト状にしてから歯を磨きます。今月はこれを試してみて、チューブからタブレットへの変更を検討しましょう。

238 パッチワークキルトをつくる

この冬はパッチワークでほっこりした時間を過ごしませんか？ 不要になった寝具カバー、シーツ、そのほか綿素材の古布ならなんでもOK。

アメリカ人のおよそ38%が寝具のカバーを毎年新調していますが、古いカバーはたいてい捨てるだけ。でも、素材の綿、染料、工場からの輸送などのせいで、そうしたカバーの二酸化炭素と水のフットプリントはかなりのものです。捨てずに再利用すれば、地球を救う力になります。

インパクト指標

リサイクルされていない

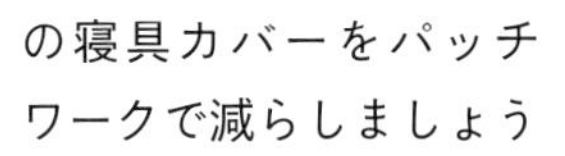

72%

の寝具カバーをパッチワークで減らしましょう

239 ジムではなく屋外で体を動かす

インパクト指標

ランニングマシンを使わずに屋外で走れば45分で

1kg

のCO_2削減になります

ジムの高価なマシンが不可欠なものではないのは当たり前ですが、ジムをなくすことはエコにもつながります。あなたのためにスタンバイしているそのマシンは、膨大な量の水とエネルギーを使っているのです。

屋外で体を動かせば排出量ゼロ。あなた自身がエネルギー源となるので、ほかのエネルギーは一切不要です。しかも、屋外での運動は幸福感が高まり、血圧が下がるという研究結果もあります。毎週の習慣にできる屋外エクササイズを考えてみましょう。

240 プリンターの誓い

インパクト指標

1万枚のA4用紙を製造するのに木が

1本

必要です

あらゆる職場の厄介ものであるプリンター。この際、使うのを完全にやめてしまってはいかがですか？

インクカートリッジはリサイクルが困難です。あなたの会社が取り入れているリサイクルの仕組みを確認しましょう。また、再生用紙を印刷に使っていても、紙を白くするために漂白剤が使われているので、フットプリントは相当なものです。

オンラインソフトウェアを使ってネット上でメモしたり、書類を編集したりしましょう。従業員の印刷枚数を管理できるソフトもあるので、そうしたものを活用すれば、次の四半期の目標として印刷枚数の削減を掲げることができます。

インパクト指標

DM用に伐採しなければ、
それらの樹木が年間

170万トン

ものCO_2を
吸収してくれます

241 迷惑なダイレクトメールを止める

ごみ箱に捨てるだけではダメです。郵便受けに届かないように何か手を打たなければいけません。勝手に届く5000通ものDMは、1トンものCO_2を排出しています。しかも、誰も読まないチラシのために樹木が伐採されているのです(毎年およそ8000万から1億本)。あなたにできることを考えてみましょう。

・DMの送付先リストから名前を消してもらう
・DMを送ってくる企業にメールを送る
・しつこい送付元をSNSで名指しする
・リサイクル可能なものはすべてリサイクルする

242 きちんと捨てる

誰もがプラスチックのない海を望んでいますが、海のプラスチックの50%以上が陸地から来ています。その多くは、ごみ箱からあふれたり、フタのないごみ箱から出ていることを知っていましたか？ そうしたごみは風に飛ばされ、たちまち川や運河に入り、最終的に海へと流れます。

ごみはきちんと捨てましょう。あふれているごみ箱のごみの上に置くなど、もってのほかです。きちんと捨てられるごみ箱、フタのあるごみ箱が見つからない場合は、家に持ち帰ってください。もちろん、自宅の屋外用ごみ箱もフタ付きに。そして、自宅近くの道路、集落、自治会のごみ事情に目を向け、問題を悪化させないために手伝えることを探しましょう。

インパクト指標

毎日

800万

ものプラスチックが海に
流れ込んでいます

243 空き缶を再利用する

創意工夫して空き缶に第二の人生を与えましょう。ひもを巻いて接着剤で固定すれば素朴な花びんになり、大きさ違いの缶を同じ模様に塗ればデスクまわりの小物収納に使えます。

インパクト指標

空き缶をリサイクルせずに再利用すればCO_2を

96.8g

削減できます

インパクト指標

家にある衣類の

1/5

は着用されていません。今すぐ自宅のクローゼットをチェックしましょう

244 1つ増やしたら1つ手放す

クローゼットをもっとエシカルにしたいなら、「1つ増やしたら1つ手放す」のルールを取り入れましょう。手持ちの衣類をチェックして、新しく買うのは、不要になったものを寄付するか売るか交換してからと決めましょう(91ページを参照)。サステナブルな買い物習慣を身につけるための簡単で、お金もかからない方法です。

245 重曹と友だちになる

使い捨てプラスチックボトルに入った合成化学物質たっぷりの洗剤スプレーはやめて、重曹を使いましょう。重曹とホワイトビネガーを1:2で混ぜ合わせれば、エコな排水管洗浄剤ができます。プラスチックの食料保存容器の内側は、重曹をまぶした布で拭けばすっきりします。食器洗い用のクロスやスポンジも、重曹を溶かしたお湯に浸けるとキレイになります。

インパクト指標

スプレータイプの洗剤は

90%

が水です。輸送に伴う排出量を削減するために重曹を活用しましょう

インパクト指標

繰り返し使えるプラスチックのコップは

7回

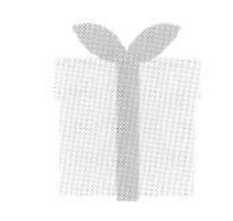

の使用で使い捨てのものよりエコになります

246 プラスチックフリーのキッズパーティ

はい、そうです。子どものパーティもプラスチックだらけにする必要はありません。プラスチック製のプレゼントはNGという基本ルールを決め、お土産用の袋もプラスチックではないものを用意します。お土産もシードボム[花などの種を入れた土団子]、手づくりクッキー、色鉛筆などにするといいですね。

プラスチックのコップやお皿を使うなら、使い捨てではなく繰り返し使えるものを選んでください。テーブルクロスは布にして、色鮮やかなペーパーナプキンの代わりに何度も使える布ナプキンを。使い捨てではないパーティセットを借りられるところが近くにないか、ネットで調べてみることもできます。そして、忘れてはならないのが飾り付け。プラスチックの飾りの代わりに天然素材のもの、もしくは手づくりのものを使いましょう(95ページを参照)。

247 酸っぱくなった牛乳も捨てないで

酸っぱくなった牛乳も役に立ちます！ 変色した銀を磨くのに使えるのです。酸っぱくなった牛乳をボウルに入れ、大さじ1杯のレモン果汁か酢を加えます。銀のアクセサリーを浸け、一晩おきましょう。朝には輝きが戻っていますよ。

インパクト指標

世界で販売されている牛乳の

1/6

が廃棄されています

ハーブを フレッシュに保つ

スーパーマーケットに並んでいるハーブはたいていプラスチックで包装されていて、他国から空輸されたものも多く、長もちしません。無駄にしないために以下のような工夫をしましょう。

・やわらかいハーブ(パセリ、パクチーなど)は水に差し、乾燥を防ぐために再利用可能な冷凍保存袋をかぶせて冷蔵庫で保管する
・バジルも同様に、ただし室温で保管する
・枝のハーブ(ローズマリー、セージ、タイムなど)は湿らせたキッチンペーパーでふんわり包み、繰り返し使える保存容器に入れて冷蔵庫で保管する

インパクト指標

米国人が廃棄する食品は1日平均

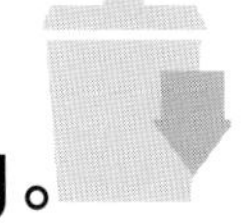

500g。

埋立地で0.083gのメタンを排出しています

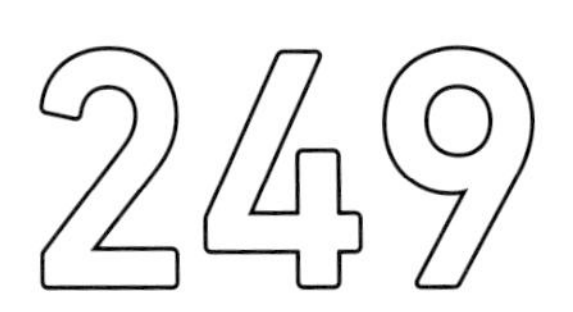

自転車は自分で メンテナンスする

自転車を走りやすい状態に保っておけば、それだけ乗る機会も増えるはず。また、パンク修理も自分でできるという自信があれば、もっと長い距離を走りたくなります。2つの車輪をコントロールし、愛車について深く知りましょう。

地域のコミュニティカレッジや生涯学習センターの多くが、自転車についての講座を開いています。リペアカフェ(40ページを参照)も開催されていないか、地元の情報を探してみてください。

インパクト指標

週に1日、車を自転車にするだけで、あなたのカーボンフットプリントは年間

3.2kg

減らせます

インパクト指標

英国中の浴室から出る

152トン

の空プラスチックボトルを減らせます。手持ちのびんを再利用しましょう

250 サステナブルなバスタイム

2021年の報告によると、イギリスの浴室で使われたプラスチックの重さはビッグベンの11倍にもなるそうです！ バスソルトはとても簡単につくれます。再生可能なガラスびんに入れて保管でき、手づくりプレゼントとしても喜ばれます。

1. エプソムソルト（硫酸マグネシウム）500cc、海塩（塩化ナトリウム）100cc、重曹100ccを混ぜ合わせます。
2. エッセンシャルオイル20〜30滴とドライハーブ（ラベンダー、ローズマリーなど）を加え、混ぜます。
3. ガラスびんに入れておけば最長2年もちます。

251 より効率的に車を走らせる

インパクト指標

効率的な運転を心がければ、ガソリンを

10%節約

できます

車やバンが排出する温室効果ガスは、全体のかなりの割合を占めます。オーストラリアの標準的な車の場合、1km当たり184kgのCO_2を排出し、平均的なドライバーは1日34km走るので、その排出量は国全体の排出量の10%にものぼります。どう運転するかで燃料の使用率は異なります。以下のステップに沿って排出量を減らしましょう。

・不要なものをトランクに積まない
・高速道路では一定の速度（時速80〜130km）[日本の場合は時速50〜100km]で走る
・急ブレーキをかけない
・エアコンは必要なときしか使わない（161ページを参照）

252 オリジナルの手づくりラッピング

きらきらピカピカしたラッピングペーパーのことも(リサイクルできません)、お高いおしゃれなギフト用の袋のことも忘れましょう。プレゼントの包装もぜひ手づくりで。

・茶色いクラフト紙にイモ版で模様をつける
・雑誌のページや新聞紙でくるみ、明るい色のリボンを結ぶ
・小さいプレゼントには古い楽譜
・不要になった布地

インパクト指標

茶色いクラフト紙は

100%

リサイクル可能で生分解します

253 使用済みティーバッグに種をまく

インパクト指標

あなたの朝の紅茶は最大

71g

のCO_2を排出します。環境のためにもっと働いてもらいましょう

使ったあとのプラスチックフリーのティーバッグは、殺菌済みで有機物も豊富。種を発芽させるのに最適です。

1. ティーバッグを再び湿らせます。防水トレイに濡らしたキッチンペーパーを敷き、その上にティーバッグを並べます。
2. それぞれに切り込みを入れ、そこに野菜の種をまきます。トレイごと暖かい場所に置き、発芽を待ちます。
3. 芽が出たら、ティーバッグごと鉢に植え替えて育てます。土は泥炭を含まないものを使ってください。

インパクト指標

紙オムツを1日

6枚

も埋立地行きにするのはやめて布オムツに替えましょう

254 布オムツを普及させる

使い捨ての紙オムツは埋立地を苦しめ続けています。イギリスだけでも、1日に800万枚が埋立処分されています。1枚にペットボトル2本分ほどのプラスチックが使われているのが普通で、生分解に500年必要です。一方、布オムツは飛躍的に進歩していて、一昔前ほどの大変な手間暇はかかりません。親がさまざまな種類を試したり、テストできる「オムツ図書館(nappy library)」も登場しています。

255 天然繊維の衣服を選ぶ

リネン、ヘンプ、責任をもって調達されたウール、オーガニックコットンなどは体温調整を助け、通気性に優れています。洗濯してもマイクロプラスチックを流出しません。天然繊維に完全に移行するのは高くつくかもしれませんが、この夏は何か1つ、何年も着られるアイテムに投資しましょう。古着であれば(142ページを参照)さらにエコでしょう。

インパクト指標

オーガニックコットンの栽培は従来のコットン栽培に比べ、

62%

エネルギー消費が少なく済みます

256 歯磨きもグリーンに

インパクト指標

歯ブラシのヘッドだけを交換することで廃棄物を

70%

削減できます

アメリカでは毎年2万2600トンものプラスチック製の歯ブラシが捨てられています。昔と違い、今の電動歯ブラシのヘッドの交換は簡単です。主要メーカーのほとんどの製品と互換性があるリサイクル可能なものを選ぶこともできます。ナイロン毛はまだリサイクルできませんが、代わりにバイオプラスチック、竹、再生プラスチックといった素材を使う試みが進んでいます。

257 スープは買わずに手づくりする

インパクト指標

プラスチック包装ごみの

83%

は食品と飲料のパッケージです

冬の温かいスープは自分でつくりましょう。余っている野菜と自家製スープストック(11ページを参照)の活用にぴったりですし、スーパーマーケットの包装も削減できます。

週末に大量につくったら小分けにして、半分は冷蔵庫に入れ、残り半分は冷凍しましょう。

冷凍グリーンピースとミントとココナッツミルク、ニンジンとパクチー(香菜〔シャンツァイ〕)といった手軽な組み合わせをマスターすれば、ランチも楽勝です。

258 生分解するスポンジに替える

台所用スポンジの大半はプラスチックでできていて、毎日1分間に1000個が捨てられています。これらのプラスチックは分解され、溶出した化学物質が食物連鎖に入ります。

セルロースやヘチマのスポンジ（またはその2つを組み合わせたスポンジ）に替えましょう。その際は「home compostable」表記があることを、つまり、家庭のコンポスト容器で分解できることを確認してください（103ページを参照）。生分解性のスポンジは、手入れの仕方にもよりますが1カ月〜1年もちます。菌の繁殖を防ぐため、時々酢に浸すと良いでしょう。

インパクト指標

プラスチックのスポンジは500年かかるところ、セルロースのスポンジは

1年

で生分解されます

259 発酵食品のすすめ

地元産の旬の野菜を使い切って植物性食品の摂取量を増やす、すばらしい方法があります。発酵食品（ザワークラウトやキムチのようなもの）にするのです。発酵食品は腸に良く、プロバイオティクス（善玉菌）が豊富に含まれています。しかも、包装済みの加工食品に対する依存度も下がります。

塩と水（とハーブやスパイス）だけで仕込む簡単な発酵食品は、ほとんどの野菜でつくれます。まとめて漬け込んでおいて数カ月後に楽しみましょう。

さあ、再生ガラスのびんを出してきて、冷蔵庫にあるものの発酵レシピをネットで探しましょう。

インパクト指標

生野菜は数日でしなびますが発酵食品にすれば最長

1年

もちます

260 シトラス・ランプをつくる

これまでは捨てていたオレンジの皮の部分を使って、すてきなキャンドルをつくりませんか？ 半割りにして実を取り出しますが、中央の白い軸はそのまま残しておきましょう（これがキャンドルの芯になります）。電子レンジに数秒かけるかタオルで拭いて、水気を完全に取ります。植物性の油（オリーブオイルなど）を注ぎ入れます。このとき、芯の頭が油の上に出ていることを確認してください。できあがったら火をつけて、くつろぎのひとときをどうぞ。

インパクト指標

オレンジを1個
育てるには

60L

の水が必要です。余すところなく活用しましょう。

261 再生カシミヤを選ぶ

カシミヤはヤギの毛からつくられた繊維です。贅沢な肌触りで抜群の暖かさですが、生産の拡大は美しい景観に大きな影響を与えています。ヤギの大量放牧が砂漠化を引き起こしているのです。また、サプライチェーンにおける人権や労働の問題も生じています。

再生カシミヤは新しい毛を使わず、古いカシミヤ衣類から紡績されています。新たなモノを生産するのではなく、すでに出回っている資源を再利用している模範事例です。

この冬は再生カシミヤを扱う近くのブランドを探し、かつての愛用者から巡ってきた素材を誇りに思いましょう。

インパクト指標

同じカシミヤでも再生カシミヤのセーターを選べば地球への負荷は

1/7

になります

クローバーを植える

262

インパクト指標

ガソリン式芝刈り機の利用を1時間やめれば、車の走行

160km

相当のCO_2を削減できます

何十年ものあいだ、家の庭と言えば芝生が揺るぎない定番でした。しかし、短くきちんと刈り込むのを良しとする私たちのこだわりのせいで、芝は野花の咲かない砂漠と化し、ミツバチなどの昆虫から食べものを奪ってしまいました。さらに、ガソリン式の芝刈り機のほとんどは触媒式コンバーター(有害化学物質の排出を減らす装置)を備えておらず、大量の温室効果ガスを排出しています。また、芝は信じられないほど乾きやすいので、夏場や雨の少ない地域では水やりの負担が大きくなります。アメリカの国土の2%近くが芝草に覆われているとなると、かなり大きな問題です。

一方、クローバーはそれほど水を必要とせず、たくましく、窒素を固定することで土壌の健全性を高めるうえ、刈る必要もほとんどありません。しかも、ミツバチの大好きなかわいらしい花を咲かせます。

263 自分を見つめ直す

公園、庭、海岸、川辺など、1年を通して何度も戻ってこられる場所を見つけてください。できる限り足を運び、できることなら大地に腰を下ろすか木にもたれかかり、15〜20分間、ただ観察し、耳を傾けて過ごしてみましょう。自然界のどんな音が聞こえますか？ どんな形に気づきましたか？

自然の中で自分を見つめ直す時間は不安の解消や、メンタルヘルスの向上につながりますが、それだけではありません。地元の景観を守らなくてはならない、いざとなれば救うために立ち上がる必要があるという思いを新たにしてくれます。

インパクト指標

自然の中で15〜20分過ごせば心の穏やかさが

20%

増し、創造力も高まります

光を取り込む

長期的には自然と調和した家づくりが目標かもしれませんが、まずは明かりづくりに集中することから始めましょう。穏やかな気持ちになれるだけでなく、消費エネルギー量も減らせます。

・光を浴びられる居心地の良い場所を家の中につくる
・窓の反対側に鏡を吊るし、光を室内へ反射させる
・壁を白などの明るい色にする（あるいは床も白にする）
・窓をいつもきれいにしておく（41ページを参照）

インパクト指標

照明を消すと電球1個1時間当たり

256g

のCO_2削減になります

265 コンブチャをつくる

インパクト指標

市販の炭酸飲料を1本つくるのに

170L

の水が使われています

コンブチャというのは発泡性の甘い発酵茶のことで、プロバイオティクスが豊富に含まれていて、さまざまな健康効果があります。そして、何よりも嬉しいのが自分でつくれるところ。

必要なのは、フタ付きガラスびん、スコビー（サワードウブレッドづくりに使われるイースト菌をベースとした種菌。ネットで注文可）、紅茶、サトウキビ由来の砂糖だけです。ネット検索してレシピを見つけましょう。飲めるようになるのは仕込んだ6〜12日後です。

266 食器洗浄機の省エネ度をチェックする

インパクト指標

Gランクではなく Dランクの食器洗浄機を選べば、年間

16kg

のCO_2を削減できます

今では多くの家電製品にエネルギー評価ラベルがついています。どの商品のエネルギー使用量が少なく節約になるのか判断できます。次に白物家電を買うときは、忘れずに省エネ度をチェックしてください。

ヨーロッパの食器洗浄機の場合は、省エネ度がA（最高評価）からG（最低評価）でランクづけされていて、各モデルのエネルギーと水の使用量がわかるようになっています。

市場に出回っている中で最も効率に優れた食器洗浄機は「A＋＋＋」のもので、同じ容量の最低評価の製品と比べると1年間で約19ポンド（3800円）節約でき、節水にもなります。

267 ドライシャンプーを手づくりする

インパクト指標

洗髪しなければ
シャワー60秒
ごとにバケツ

1杯分

の節水になります

テント泊のような野外イベント時に重宝するだけでなく、家の水道代を減らす助けにもなってくれるドライシャンプー。実は自分でもつくれることを知っていましたか？

まず、乾燥させるための粉（ドライング・パウダー）(よく使われるのは葛粉とコーンスターチ)を選びます。そこに、あなたの髪色に合う色の粉(茶色ならココアパウダー、黒なら炭の粉といった具合)を大さじ2加えましょう。あとは髪の根元に振りかけるだけです。

髪色に合う粉が見つからない場合は、乾燥のための粉（ドライング・パウダー）だけを寝る前につけておきましょう。夜のうちに髪が吸収してくれます。

268 野菜を冷凍する

インパクト指標

ドイツの家庭の食品廃棄物は

34%

が果物と野菜です

果物と野菜は食品ロスの最大の原因です。ドイツでは全食品廃棄物の34%を占めています。正しい冷凍保存法を知って、ごみ箱行きを防ぎましょう。

・ニンジンやベニバナインゲン(長いインゲン豆)はスライスして茹で、冷めてからトレイに並べて冷凍します。しっかり凍ったら冷凍保存袋(92ページを参照)に移し、使うときまで冷凍庫で保存します。
・ブロッコリーは小房に分け、2～3分茹でてから氷水に同じくらい浸します。シートの上に広げて冷凍し、凍ったら冷凍保存袋に移して冷凍庫に戻します。

269 環境に優しい美容院か確認する

インパクト指標

美容院に行くたびに平均

500kg

のCO_2が排出されています

美容院は欠かせない存在です。でも、環境への影響を考えたことがありますか？ 大量の水を使用し、タオルを洗い、アルミホイルを捨て、そして、カラーには化学物質を使っているのです。アルミホイルは500年近く生分解しません。また、髪全体にハイライトを入れる場合、1人当たり100mlの染毛剤を使います。

次に予約を入れるときは、その美容院がどれくらいサステナブルなのか聞いてください。

270 ハエ取りを手づくりする

液状のハエ取りは簡単につくれます。有害な化学物質にも、リサイクルできないベタベタの紙にも頼る必要はありません。ガラスのびんか皿に酢と水を1:1の割合で入れ、砂糖大さじ2と少量の食器用洗剤を加えます。甘い匂いがハエを引き寄せ、界面活性剤が水から出られなくします。ミツバチは匂いを嫌って寄りつきません。

インパクト指標

多くの殺虫剤の主成分であるジブロム

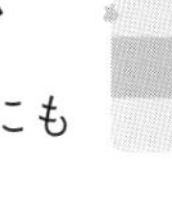

はミツバチにも有害です

271 小さいごみ箱に替える

イギリスの一般的な家庭から出るごみは年間1トン以上です。イギリス全体では年間合計3100万トンになります。これは2階建てバス350万台分の重さに相当します。1列に並べると地球を2周半もすることになります。

私たちがどれだけ使い、どれだけ捨てるかは視覚と深い関係があります。台所のごみ箱を小さくすることで、あふれさせないためにはどうすればいいか、ごみ箱行きを避けたいモノの居場所や行き先はどうすれば見つかるか、考えるようになります。

一般ごみを次の方法で減らしましょう。

・コンポスト(24ページを参照)やボカシ(46ページを参照)を活用する
・ゼロ・ウェイストのお店を利用する(6ページを参照)
・まとめ買いする(156ページを参照)
・衣類を繕う(59ページを参照)

インパクト指標

毎週のごみを半分に減らすことで世帯から出るごみの量を年間

500kg

削減できます

272 短距離は電車で

次の短距離フライトは電車に変えられませんか？ 結婚式であれ会議であれ、鉄道での移動を検討し、できるだけ早く予約すればよりお得に購入できます。その移動も休暇の一部として楽しみましょう。利用頻度の高いヨーロッパ内航空路線の3分の1は、鉄道でも6時間以内で移動できます。

インパクト指標

短距離の飛行機を鉄道に変えれば排出量を

1/6

に抑えられます

インパクト指標

バナナ1本のカーボンフットプリントは

80g。

市販ヘアパックを下回ります

273 手づくりヘアパック

ヘアパックをつくることは、捨てるしかなくなる食品を使い切るためのすばらしい方法です。ココナッツ油からバナナまで、髪もあなたと同様、多様な食品を愛するはず。キッチンでつくれる驚きのレシピを試してみてください。

・髪を太くしたいなら：熟れたバナナ2本、卵黄2個分、はちみつとオリーブオイル各大さじ2を混ぜ合わせ、髪に塗って20分おいてから冷水で洗い流す
・ベトつきを抑えたいなら：卵白1個分にレモン果汁1/2個分を混ぜて髪に塗り、ぬるま湯で洗い流す

274 図書館に通う

本を借りたり、共有したりするのは最高にエコなこと。図書館は循環経済の元祖なのです。また、図書館のような地域財産を維持するためには新しい利用者を増やし、関心を集める必要があります。このような地域資源を活用することは地域コミュニティの活性化にも役立ちます。

インパクト指標

大人も子どもも、読書をする人のほうが健康で幸せ

で自信に満ちているとする研究結果があります

275 ヴィンテージを活用する

インパクト指標

ジーンズ1本つくるには

7500L

の水が必要です

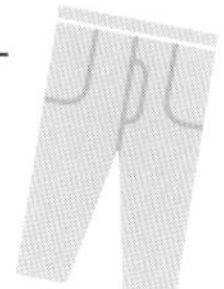

古着を選ぶという行為自体、かなりの冒険と感じるかもしれません。また、何を探しているのか自分でもわからないとなると、さらに腰が引けるものです。初心者は手堅く、大胆なものより実用的なものを選ぶといいでしょう。ヴィンテージのジーンズを買ってみてください。あっという間に擦り切れる今のデニムと違い、長もちする良質な素材を使ったものがたくさんあります。

276 タイヤの空気圧を適切に保つ

インパクト指標

タイヤの空気圧を適切に保つことで、1回の走行で使用する燃料を

5%

減らせます

最近、いつ車のタイヤをチェックしましたか？ 車の状態(タイヤも含めて)を最高に保っておけば、燃費が向上し、より長い距離を走れます。

277 紙の招待状はやめる

インパクト指標

紙の招待状を電子カードに替えれば1通につき

29g

のCO_2削減になります

これからの時代は電子招待状です。電子であっても環境に影響を及ぼしますが、ゲストを招待するのに使う手紙やカード(および、それらの配達によるCO_2排出)とは比べ物にならないほど小さな影響です。

278 海藻の恵み

インパクト指標

海藻は、$1km^2$当たり

1000トン

の炭素を
固定しています

食べてよし、お風呂に入れてよし、顔のパックに使ってよし。すばらしい力を持つ海藻は、私たちの支援を必要としています。なぜか？ 海藻は年間およそ1億7300万トンという大量の炭素を吸収すると同時に、収穫するほどに成長するからです。

海藻は肌や体内に多くの健康効果があり、糸や衣類、動物のエサにもなります。メタンガスを減らしてくれ、植物を育てる際には最高の肥料になります。

栄養の面ではヨウ素、鉄、カルシウムを含み、糖尿病や心疾患の症状を緩和し、腸内環境を改善します。お風呂に入れれば筋肉痛が和らぎ、肌の炎症を抑えることができます。あなたの1週間に海藻をどのように取り入れますか？

279 多肉植物に愛を注ぐ

家庭における淡水の必要量を減らすことは、全人類を助けることになります。窓辺、バルコニー、庭などには在来種の多肉植物を植えて、植物の世話に使う水の量を減らしましょう。多肉植物の水やりは、土がすっかり乾いたときだけで大丈夫です。

できれば地元で育てられた多肉植物を選んでください。再利用可能な鉢を使うこともお忘れなく（17ページを参照）。

インパクト指標

水やりは3週間に一度。
多肉植物なら水やりが

1/3

になります

280 環境ドキュメンタリーを観よう

今月は身近な人、愛する人に呼びかけて「環境ドキュメンタリーを見る会」を企画しませんか？ リアルで集まっても、オンライン上の集まりでもかまいません。サステナブルな社会の実現を目指すための刺激にしましょう。

選ぶテーマはみんなが情熱を傾けていることや、もっと理解したいと思っているものを。鑑賞後はラフな対話の場を設け、これからどんな行動や変化を目指すかについて、同意したり約束したりしてください。どれだけ早く、どれだけ多くの変化を起こせるかを競い合うのもいいでしょう。ドキュメンタリーに絡めた感想をSNSでシェアするのもいいですね。

インパクト指標

デイビッド・アッテンボロー卿が制作したドキュメンタリーを鑑賞した人の

88%

が、自分の習慣を変えようという気持ちになりました

281 再生可能エネルギーに換える

インパクト指標

室内の暖房に再生可能エネルギーを使えば、カーボンフットプリントを

20%

削減できます

エネルギーの価格は上昇の一途にあり、再生可能エネルギーに切り換えたくても青天井の費用がネックになり、難しいところではあります。でも、長い目で見れば、再生可能なエネルギー源へ切り換えることは、消費者として最も長く影響を及ぼし続けられる方法の1つです。

再生可能エネルギーのシェアは世界全体で26%にすぎず、まだまだ先は長いのですが、風力、太陽光、水力発電への需要が高まっていけば、民間企業も政府も化石燃料からの脱却を急ぐようになります。今から切り換えの可能性をリサーチしましょう。

プラスチック軸の耳用綿棒は諦める

インパクト指標

綿棒用のコットンを1kg
つくるのに

20000L

の水が必要です

プラスチック軸の綿棒は海に行き着き、海洋生物や鳥のお腹の中に収まってしまいます。厚紙ケース入りの竹軸綿棒に替えるか、何度も使えるものを買いましょう。さらに好ましいのはお湯で湿らせた布で拭くか、細長く巻いたティッシュペーパーを湿らせて使うことです。

283 ワインは国産を選ぶ

ワインに古くから親しんでいる国からそうでない国まで、ワインは世界中で年間320億本も飲まれています。しかし、重いガラスびんでの輸送は大量の炭素を排出しており、ガラスびんだけでCO_2排出量の29%以上を占めています。以下のような品を選び、あなたのワインがもたらす影響を減らしましょう。

・地元のブドウ園のワイン(輸送による排出を削減できる)
・地元のバーや酒屋でワインボトルに補充してもらう
・箱ワイン(中の袋がバイオプラスチックのもの)か、ガラス製ではないボトルに入ったワイン

インパクト指標

3L入り箱ワインのCO_2
排出量は、750mlボトルの

1/2

です

284 水やりのタイミングを知る

インパクト指標

真水は地球上の水のわずか2.5%ですが、
私たちは1日1人約

142L

もの水を使っています

真水の使用を控えることは地球上のどこであっても環境にいいことです。水やりの効率を高めることは地球にとってプラスになります。

・植物を上手にケアする方法を教えてくれるアプリを入れる
・古いペットボトルを利用して自動水やり器をつくる(80ページを参照)
・すべての植物の水はけに問題がないことを確認する

285 エコ仲間を見つける

インパクト指標

気候危機への不安の共有

がメンタルヘルスを向上させることがわかっています

誰かと一緒のほうが変化を起こすパワーが出ます。だから、本書で紹介している大きな提案のいくつかをやってみたいと思ったら、成功(と失敗)を分かち合える友人や家族を見つけて、一緒に取り組んでください。

・お互いに刺激し合って節約や廃棄削減に挑戦し、目標を設定する
・共通目標(例えば「CO_2を1トン減らす」――153ページを参照)の達成に向けて、ともに取り組む
・進捗状況を公開して、ほかの人に刺激を与える

286 リップクリームを手づくりする

インパクト指標

リップクリームのチューブは毎年

2億本

も廃棄されています

リップクリームのチューブが毎年大量に捨てられています。確かに持ち運びに便利ですが、地球には大きなインパクトを与えます。しかも、リップクリームは通常、石油を原料とした化学物質からつくられています。この2つの問題を避けるには、自分で手づくりすることです。少量の蜜蝋かソイワックスをココナッツ油とともに溶かし、エッセンシャルオイルを数滴加えます。ネジ式のフタがついた小さな空き容器に移し替えて完成です。

287 ヴィーガンバーガーに挑戦する

植物由来の食事に完全に切り替えるのはちょっと無理があるなら、いつもの食事に似た代替品を選びましょう。植物由来のハンバーグは、驚くほど本物の肉そっくりです。タマネギ、ケチャップ、マスタードをたっぷり使えば、本物の肉と区別がつかないくらいですよ。

インパクト指標

ソイ(大豆)バーガーの温室効果ガス排出量は牛肉バーガーの

1/18

です

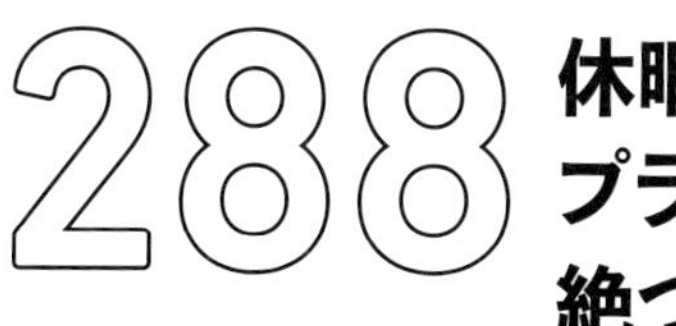

288 休暇中もプラスチックを絶つ

インパクト指標

2週間の休暇で

30本

ものペットボトルを使い捨てるのはやめましょう

家でリユースのマインドを保つのは簡単ですが、休暇中は、ペットボトルやら航空会社の使い捨てカトラリーやら、こまごまとしたプラスチックを捨ててしまいがちです。どうしても必要な場合を除き、使い捨てプラスチックは受け取らないと、一緒に出かける人たちに宣言しておきましょう。

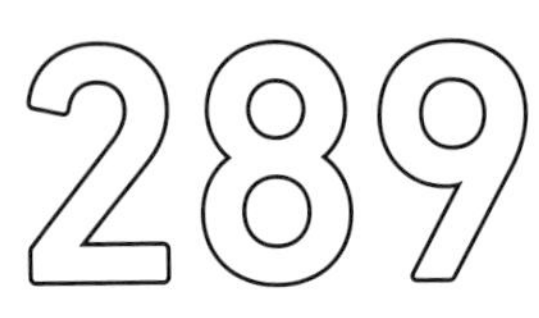

エシカルな保険に入る

家や旅行中など、保険が必要となるシーンは必ずあります。そうした万が一への備えであっても、地球のことを配慮したものを選べることを知っていましたか？ エシカルな保険はB Corp認証（32ページを参照）を受けている場合があります。つまり、あらゆるレベルで地球環境に配慮することを約束している保険です。

・あなたの加入している保険会社がエシカルポリシー、もしくはサステナブル・ポリシーを掲げているか確認する
・その保険ファンドの投資先は環境に優しい企業か？
・再生可能燃料に投資しているか？
・慈善団体に還元し、従業員の福利厚生に資金を投じている保険会社を探す

インパクト指標

米国の保険会社は推定

4500億ドル

（67.5兆円）を化石燃料に投じてきました

インパクト指標

捨てていたジャガイモを1kg救えばCO_2

180g

の削減になります

野菜の皮をチップスにする

イギリスの生ごみに多いものと言えばジャガイモの皮です。毎年なんと71万4000トンが捨てられています。野菜の皮は栄養価が高いので、チップスに変身させない手はありません。使うお金も、リサイクルできないパッケージも、生ごみも減らすことができます。

根菜の皮（ジャガイモはどんな種類でもOK。ほかにもパースニップ、ニンジンなどが使えます）に塩、ローズマリー、油を振りかけ、ボウルを揺すってなじませます。ベイキングシートに重ならないように広げ、オーブンに入れて20〜25分焼きます。おいしいですよ。

ミニボトルの代わりを見つける

291

インパクト指標

繰り返し使える容器で持ち運べば一度の旅行でプラスチックを

22.5g

削減できます

シャンプーやボディソープの入った小さなプラスチックのボトルは、空港で売っているものもホテル備え付けのものも、地球に大きな影響を与えます。ある調査では、1550万ものイギリス人が休暇用にミニボトルを購入しており、その大半はリサイクルしないということでした。実際、旅行用プラスチック製ミニボトルの廃棄量は毎年981トンにものぼります(88ページを参照)。

これからはトラベル用のミニボトルに頼らず、繰り返し使える容器に移し替えて持っていくようにしましょう。特にこの方法を覚えておきたいのが、持ち込み手荷物だけで旅をしていて液体量が制限される場合です。固形タイプに替えるという選択肢もあります(28ページを参照)。また、ホテルのアメニティの使用を避けること(そして、再利用可能なものへの置き換えをホテルに要望すること)も忘れずに。

292 天然の髪色を楽しむ

美容院でヘアカラーをしている人も、自宅でやっている人も、そのカラー剤にはアンモニア、P-フェニレンジアミン、過酸化物などの微量汚染物質が含まれていることを知っていましたか？ こうしたものはすべて水生生物にとって有害で、湖や川のデリケートな生態系を破壊します。自然界への負荷を減らすために、植物系の天然染料に替えるか、もともとの髪色を受け入れましょう。

インパクト指標

毎年

6400万人

以上が市販のヘアカラー剤を使用しています

インパクト指標

1トンのヘンプは

1.62トン

のCO_2を吸収し、存在する限り貯留し続けます

293 MDFに「ノー」と言おう

MDF（中密度繊維板）は、木くずを接着剤で固めたものです。耐久性に優れていて安価ですが、リサイクルが難しいことでも知られています。しかも、接着剤を使っているので天然木と異なり生分解しません。また、ホルムアルデヒドを放出し、室内の空気を汚染します。

部屋の模様替えやリノベーションを検討しているなら、竹、ヘンプ、再生紙ボードなどの建材を探しましょう。

294 あなたの所属する業界のインパクトを減らす

インパクト指標

「Together for Our Planet」

[英国政府が2021年のCOP26開催に合わせて立ち上げたキャンペーン]

は2050年までのネットゼロ達成を目指し、産業界を支援しています。

自分に何ができるか考えましょう

孤立状態では変化は起こせませんが、私たちには周囲の人々に影響を与える力があります。共通点があれば、その力はいっそう大きくなります。

あなたが身を置いている業界やコミュニティは、負のインパクトを減らしてネットゼロを実現するために何をしていますか？ 公的機関、認証機関、競合他社は排出量削減のためにどんなことをしているでしょう？ 実現への歩みを加速するために、あなたにできること、学べること、後押しできること、挑戦できることは何ですか？

今月は、こうした問いへの答えを見つけることを自分に課しましょう。そして来月はネットゼロに向けてどのように関われるか、どのように支援できるか、行動に移してみてください。

295 サステナブルなリュックサックを選ぶ

インパクト指標

繊維製品の廃棄物は埋立地の

5%

ものスペースを占めています

マイボトル(7ページを参照)、マイカップ(25ページを参照)、自家製スナック(65ページを参照)を持ち運ぶ丈夫なリュックサックを買うなら、生涯にわたって修理してもらえるブランドの製品を選んでください。

便利さ優先で動いている現代社会にあって、私たちは良いモノを長く使うという習慣から離れてしまっています。けれども、無料で修理してもらえる会社の正真正銘の一生ものに投資すれば、そのアイテムはもう二度と買わなくてすみます。

296 レジ袋で手芸を楽しむ

インパクト指標

レジ袋の

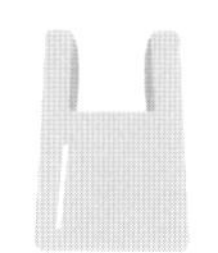

87%

が埋立処分されています。再利用して減らしましょう

食器棚やシンクの下にはレジ袋が詰め込まれているものです。それらを使い切るために編み物をしてみませんか？ レジ袋からつくるプラスチックのヤーン（糸）を「プラーン」と呼びます。プラーンでランチョンマット、コースター、ラグなどを編んでみましょう。

レジ袋からプラーンをつくるには、まず、持ち手と底を切り取ります。筒状になったものを平らにおき、上から下まで左右交互に切り込みを入れて、長いひも状にします。あとは普通の糸と同じように編みますが、プラーンの太さによっては特大サイズの棒針、かぎ針が必要かもしれません。

297 制服のお下がりを交換する

インパクト指標

制服のシャツを1枚製造するには、平均すると1人の飲料水

3年分

の水が必要です

学校の制服は得てして高くつくので、特に成長期は大変です。一方ではまだ使える制服が毎年140万着も捨てられています。それも傷んだわけでも使えなくなったわけでもなく、小さくなって捨てられただけのものが多いのです。

友人や家族、近所の人たちと制服や運動着の交換会を企画して、長く着続けられる仕組みを作ってください。お金のやり取りは不要です。欲しいものと交換する形式にしましょう。

298 バグホテルをつくる

インパクト指標

昆虫の個体数は人間の

17倍

もあり、生態系を機能させるために不可欠な存在です

屋外の空間は、だいたいが昆虫の住み処となり得ます。また、より野生の状態に近い専用空間をつくることは、生物多様性に貢献することになります。世界全体で40%も減ってしまった昆虫は、農作物の80%が受粉を昆虫に頼っているなか、欠かせない存在なのです。

バグホテル(虫の巣箱)を手づくりしましょう。レンガと木製パレットを交互に積み上げ、パレットとパレットのあいだに枝、枯れ木のかけら、枯れ葉、中空になっている竹や葦などを詰めます。大きな空間には石を入れてください。リサイクルできないプラスチック製の植木鉢を置くのもいいですね。ハリネズミ、カエル、クサカゲロウ、単独性のハチ、カブトムシ、ワラジムシなど、いろんなゲストが泊まりにくることでしょう。

299 CO_2を1トン減らす

欧米の平均的なライフスタイルは、年間9トンのCO_2を発生させています。世界がネットゼロを目指す中でイギリスは国民に対し、この先12カ月で1人1トンのCO_2削減という目標を課しました。

まず、無料の排出量計算サイトで、自分がどこで炭素を発生させているかを把握します(26ページを参照)。そして、自分たち家族はどうやって目標を達成するか、計画を練りましょう。

短距離で飛行機は使わない(140ページを参照)、車移動を1週間で1日減らす(172ページを参照)、食品廃棄物を減らすといった誓いを立て、目標にどこまで近づけるかやってみてください。

インパクト指標

年間フットプリントを1トン削減する

ことは、木を50本育てることに相当する効果があります

300 旬を味わう

インパクト指標

季節の食材を食べることで、あなたのカーボンフットプリントを

10%

下げましょう

季節に応じた食材を味わうのは、生育のリズムに合わせて食べるわけですから、最もサステナブルな食べ方です。それに、移動距離の短い新鮮な食材がたっぷり(おまけに安く)手に入ります。

・春:ニンジン、チャイブ、フェンネル、アーティチョーク
・夏:イチゴ、チェリー、アスパラガス、トマト
・秋:ブラックベリー、リンゴ、カボチャ、タマネギ
・冬:ニンジン、芽キャベツ、ケール、カリフラワー

301 衣類の手入れをする

インパクト指標

米国の消費者の

35%

しか洗濯前に衣類のラベルを確認していません

世界のファッション産業による悪影響を減らしたいなら、衣類をきちんと手入れし、長く着続けるのが最もサステナブル(かつ安上がり)な方法です。衣料品メーカーは毎年、世界の淡水の4%を使用しています。また、水質汚染の20%は繊維の染色に起因しています。以下のポイントを守って、あなたの衣類を最高の状態に保ちましょう。

・洗濯表示の推奨水温に注意する
・デリケートな衣類は水洗い、または手洗いする
・縮むおそれがあるのでタンブル乾燥はしない(51ページを参照)
・アイロンがけはタグの指示にしたがって慎重に行う
・ドライクリーニングのみと表示されていたら、エコなクリーニング店を探す

302 廃棄する食品でスキンケア

買い置き食材の多くは肌や髪のごちそうにもなることを知っていましたか？ つまり、廃棄物とパッケージングが減り、安上がりな「自分時間」が実現するのです。手づくりヘアパック（141ページを参照）やコーヒーかすスクラブ（45ページを参照）と同じように、スキンケアにも買いすぎた食品を取り入れ、使い切りましょう。

・熟れすぎたベリー類は心地良いフェイスパックになります。潰して賞味期限切れのヨーグルト少量と合わせ、顔に塗るだけです。
・肘にアボカドの皮をこすりつければ、たちまちしっとりします。
・古くなったオーツ麦は粉砕してお風呂に入れてください。肌の炎症を鎮めてくれます。

インパクト指標

英国の家庭は買った食品の

1/5

を捨てています。ほかの使い道を見つけて減らしましょう

303 環境保護運動を支援する

声を張り上げて大通りを行進するのはちょっと……という場合も、応援したい運動の力になる方法はいろいろあります。さまざまな環境問題に取り組む地域団体が存在するので、自分の技術をどう役立てられるか考えてみましょう。

・数字に強い？ それなら資金調達で役に立てそうです。
・組織づくりが得意？ まとめ役として自宅から手伝えます。
・料理が好き？ デモ参加者に振る舞う軽食をつくりましょう。
・空き部屋がある？ 近くで行われるデモに参加する友人に宿を提供できます。

インパクト指標

7500都市の

1400万人がグレタ・トゥーンベリの「Fridays for Future（未来のための金曜日）」運動に触発され、

気候変動と戦うために立ち上がりました

304 まとめ買いをする

スペースと予算に余裕があるなら、食品も日用品もまとめ買いしましょう。包装と輸送の排出量の削減につながります。特におすすめなのがパスタ、米、豆、穀物などの乾物と、トイレットペーパーのような必需品です。家族や同僚と相談して、まとめ買いの協同組合を設立してはいかがですか？

インパクト指標

まとめ買いすることで包装のインパクトを

60%

減らせます

305 中古のおもちゃを手に入れる

インパクト指標

おもちゃの

80%

が埋立処分されています。長く循環させ続けましょう。

驚くべきことに、玩具業界はどの業界よりも多くプラスチックを使用していて、その量はおもちゃ100万ドル（約1.5億円）分で40トンにもなります。しかも、1家庭には平均71個のおもちゃがあります。物々交換グループ、トランクセール、おもちゃ交換アプリやサイトなど、中古玩具が手に入る場所は大きく広がっているので、あらゆる年齢層に合うものが見つかりますよ。

306 エコなランチを心がける

仕事でばたばたしていると、お昼は出来合いのものを買って済ませることが多くなります。しかし、そうしたものはたいてい使い捨てプラスチックを使っています。このランチタイムの習慣のせいで、毎年110億個もの容器がつくられているんですよ。サラダやサンドイッチのテイクアウトには、これからは繰り返し使える弁当箱を持参しましょう。

インパクト指標

プラスチックごみを1年間で最大

276個

削減できます

インパクト指標

英国のすべての人がメールを1通減らせば、CO_2を年

1万6443トン

削減できます

307 電子メールのラリーをやめる

あなたは「またね」「ありがとう」といった一言だけのメールをどれくらい送っていますか？ メールにも1通1通カーボンフットプリントがあります。添付ファイルなしの短いメールのインパクトは小さいものの、塵も積もれば山となります。

今週は一言だけの電子メールをやめると誓ってください。確認メールを何通も送ることはしない旨を署名に書き添えるか、メールはやめて電話にしましょう（77ページを参照）。

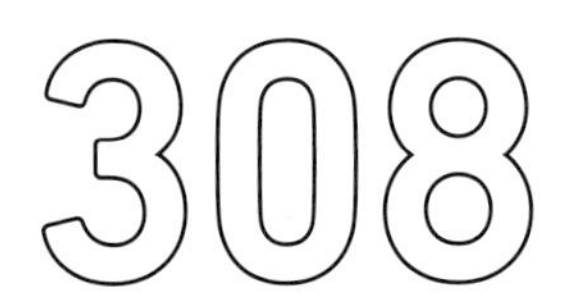

読書も地球に優しい方法で

21世紀に私たちが直面する問題とその解決策について学ぶことは、気候変動との戦いの大きな部分を占めます。また、庭を野生に戻すハウツーから、気候変動で移住を迫られた最前線の物語まで、あらゆる切り口の詳しい書籍がどんどん登場しています。知識と事実で武装することは重要です。戦いを受け入れて進むことで、学びの先に広がる世界を見られるようになります。どうせならよりサステナブルに読書しましょう。

・図書館で本を借りる（141ページを参照）
・オーディオブックで聴く
・中古本を買う
・読書会に参加して考えや不安を共有する

インパクト指標

次のエコ読書では

最新の科学、政策、解決策を探りましょう

309 賢く水を使う

庭の水やりのタイミングや方法を工夫して、使う水の量を減らしましょう。

・植物への水やりは、早朝もしくは夕方に行うと吸収率が高まる
・毎日水やりするのではなく、週に一度しっかり水やりをする(酷暑でない限り)
・根が深く、乾燥に強い植物を選ぶ
・生活排水を再利用する(8ページを参照)
・ホースやスプリンクラーは使わない
・天気をチェックする――雨は無料!

インパクト指標

ホースに節水アタッチメントをつければ庭の水やりに使う水の量が

1/2

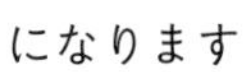

になります

310 ペットボトルを栽培用の鉢に

インパクト指標

米国に住む全員が

2本

ずつ再利用するだけで、年間5830億本生産されているペットボトルの埋立地行きを大きく減らせます

1.5リットルのペットボトルを横にして、育てたい植物に合った大きさの穴をあけます。キャップに湿気を逃がすための小さな穴をあけてから、水はけ用の小石、脱臭用の活性炭、選んだ植物の種類に応じたコケや土を入れます。そこに種をまくか苗を植えるかして、壁にかけたり天井から吊るしたり、バルコニーの手すりに固定したりしましょう。あなたは何本のペットボトルを再利用できますか?

311 サステナブルな都市を訪ねる

インパクト指標

投票により世界で
最もサステナブルな都市にはノルウェーのオスロが選ばれました

ほかよりもサステナブルな国、都市、地域があります。多様な公共交通機関が整備されている、自転車に乗りやすい、旅行者に「Leave No Trace(足跡を残さない)」誓約書にサインをさせるなど、サステナブルな観光を実現するために一歩踏み込んだ取り組をしている地方もあります。そうしたところをサポートする姿勢を見せて、ほかの地方にも続いてもらいましょう。

312 キッチンペーパーよりも布のふきん

紙ナプキンとペーパータオルは、その製造と輸送の過程で資源とエネルギーを使用し、環境に大きな負荷を与えています。にもかかわらず、たった一度使ったあとはごみ箱行きです。

いらない布(理想は綿かリネン)でふきんやナプキンをつくりましょう。ミシンがなくても大丈夫。大きさを測って正方形に切り、待ち針で留めた布端をアイロン接着テープで始末するだけです。もちろん心を込めて、手縫いしてもいいですよ。

インパクト指標

紙ナプキンの使用をやめて古布を利用すれば温室効果ガス排出量を1枚当たり

5g

削減できます

313 サラダのドレッシングも手づくりで

インパクト指標

みんなで食品の廃棄をやめれば

440億トン

のCO_2削減も可能です

簡単なドレッシングを家でつくれるようになれば、プラスチックボトルを減らせます。しかも、冷蔵庫のあれやこれやを使い切る絶好のチャンスです。必要なのは、フタ付きガラスびん（マスタードの空きびんが最適）だけ。材料を入れて振って、さあ、召し上がれ。

・レモンドレッシング：オリーブオイル大さじ6、レモン果汁1/2個分、塩、こしょう
・フレンチドレッシング：白ワインビネガー大さじ2、オリーブオイル大さじ6、ディジョンマスタード大さじ1、塩、こしょう、砂糖各ひとつまみ
・スイートチリドレッシング：米酢大さじ6、ライムの皮のすりおろし2個分、スイートチリソース大さじ2

314 ラベンダーを愛する

インパクト指標

水を汚す非生分解性の洗剤から

湖、川、海、水生生物を守るために自然の力を活用しましょう

庭のハーブや花を使い切りたいときに頼りになるのが、昔から伝わる活用方法です。リストのトップにくるのはラベンダー。ラベンダーを乾燥させて古い靴下や布の小袋に入れたものは、さまざまな場面で活躍します。

・洗濯の際に投げ入れれば、服がいい匂いになります
・引き出しに下着と一緒に入れておけば、虫除けになります
・枕の下に置いて眠れば、安眠効果が期待できます
・ジム用のバッグに入れておけば、汗臭さを軽減できます

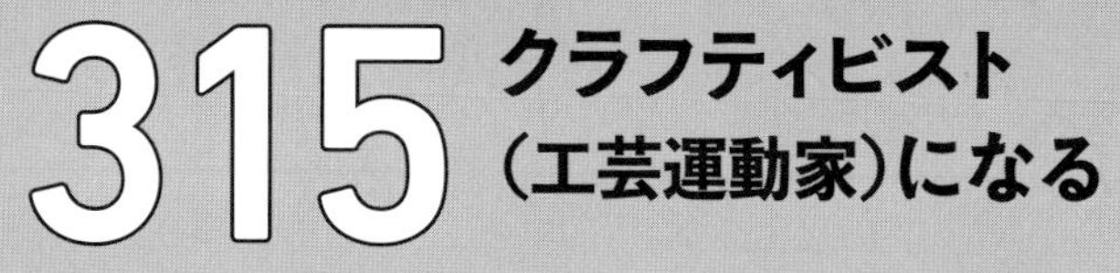

315 クラフティビスト（工芸運動家）になる

クラフティビズム（クラフト＋アクティビズム）というのは、心を込めて平和的に抗議し、メッセージを伝える方法です。クラフティビストの集うコミュニティにはアイデアが満ちています。ある団体は、政治家たちへ「don't blow it（チャンスを逃さないで）」と刺繍したハンカチを贈りました。意思決定の際に、気候危機について思い出してもらうためです。

クラフティビズムは会話の糸口をつくり、コミュニティを築き、抗議という歴史ある活動へのさまざまな形での関わりを提供します。お茶、ケーキ、刺繍といったもののほうが行進よりも自分らしいと思うなら、参加してみましょう。

インパクト指標

スペインのドニャーナ国立公園では、折り紙を使った抗議運動により

600万羽

の渡り鳥が越冬地を失わずに済みました

316 車のエアコンを正しく使う

仕事に向かう車の中でエアコンをがんがんにきかせれば、燃料消費量が増え、結果として炭素の排出量も増えます（129ページを参照）。ところが、窓をあけると今度は空気抵抗が発生します。エアコンの効用は使い方次第というわけです。

エアコンはできる限り使わないようにしてください。特に街中や郊外をゆっくり走るときは、エアコンはオフにして窓をあけます。一方、高速道路などスピードを出して走る場面では、窓をあけていると空気抵抗が増して燃料を多く使うので、エアコンを使うことが車内の温度を下げる最も効率的な方法となります。

インパクト指標

時速72kmで走っているときにエアコンを使うと燃料を

10%

も多く消費します

317 パネルヒーターのエアを抜く

インパクト指標

英国の平均的な家庭におけるエネルギー消費量の

40%

が暖房によるものです

最後にパネルヒーターのエア抜きをしたのはいつだったか覚えていますか？ 年に一度のエア抜きは、ヒーター内に溜まった空気を取り除く作業です。空気が入っていると温水のスペースが減り、部屋を暖めるのに余計な負荷がかかります。きちんとメンテナンスすれば暖房効率が上がり、あなたの電気代も、この世のすべてのラジエーターが消費しているエネルギー量も下がるのです。イギリスでは全世帯の85%が、暖房のために化石燃料をベースとした天然ガスを使っています。今週はあなたのヒーターのエア抜きをしましょう。

インパクト指標

カナダでは食べられる食品を毎年1人平均

140kg

捨てています

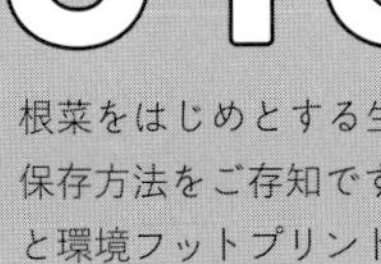

318 保存のプロになる

根菜をはじめとする生鮮食品はどうすれば長もちするのか、正しい保存方法をご存知ですか？ ちょっとした昔からの知恵が、食品ロスと環境フットプリントの削減に大いに役立ちます。

・ジャガイモ：通気穴のある容器に入れて暗い収納庫に保管
・タマネギ：ほかの根菜とは分け、通気穴のある容器に入れて低温で保管
・にんにく：通気性に優れたつぼに入れて冷暗所に保管

インパクト指標

2019年にOxfam[オックスファム、貧困をなくすために活動する国際協力団体]が始めた「セカンドハンド・セプテンバー」の参加者は

数万人

に達しています

319 中古品しか買わない9月（セカンドハンド・セプテンバー）

9月の30日間は中古品しか買わないというルールを自分に課しましょう。さらに、自分の不要な服や日用品も売ったり譲ったりして、いっそうのレベルアップに取り組みましょう。

・日用品や贈り物をリサイクルショップで探してみる
・服の交換会を開催する(91ページを参照)
・ネットの物々交換グループで植物や種子と交換する
・近所の人と子どものおもちゃを交換する
・ハイストリート[流行のデザインを低価格で大量生産するブランドの服]ではなくヴィンテージを買う

320 クラウドファンディングに参加しませんか?

グリーンなイノベーションを支援することは、ネットゼロに向かう業界の背中を押し、地球に優しいものの開発が利益につながると競合相手に示すことになります。サステナブルを志すクラウドファンディングのサイトは世界中にあり、リサイクル可能な通学用の靴、縦方向に積み重ねて栽培する垂直農法など、業界の常識を覆すようなアイデアとあなたとを結びつけてくれます。

投資は少額から可能です。自分の気持ちとタイミングで行ってください。そして、気候変動を減速させるために戦う人を、あなたの貯金が支えていることを実感してください。今月は世の中にどんなアイデアが生まれているのか、調べてみましょう。

インパクト指標

英国初の電気自動車シェアリング・サービスであるE-Car Club(イーカー・クラブ)は、Crowdcube(クラウドキューブ)で

10万ポンド

(約2000万円)調達しました

321 責任を持ってカーボンオフセットを

カーボンオフセットを心がけていれば、二酸化炭素をどんどん燃焼してもいいということにはなりませんが、その心がけを生活に取り入れることは大切です。排出量を相殺するために太陽光発電、風力発電、水力発電に投資している事業者を選んで利用しましょう。あるいは、女性の教育、グリーンな調理用コンロの導入など、発展途上国で展開されているプロジェクトに資金を提供しましょう。世界では30億人が焚き火で調理しているというデータがあります。

オフセットの資金を提供する際は必ず事前にリサーチをして、そのお金がどこで、どのように使われるのか、何を目標としているのか、達成度はどれほどか確認すること。これまでの成果がわかるレポート、認証、動画、写真はありますか？

インパクト指標

責任を持って

2本

植樹することでロンドン－リスボン間フライトのCO_2を相殺できます

インパクト指標

米国では1年間にプラスチックボトル入りのサプリが

18億本

売れています

322 サプリ選びは慎重に

私たちの健康に良いビタミン剤も、プラスチック包装やサステナブルではないサプライチェーンなど、地球にとってはマイナスとなりかねません。オメガ3やビタミンCに対する需要は、へたをすれば魚の乱獲、森林伐採の進行といった地球規模の問題を引き起こします。また、世界全体ではボトル入りビタミン剤が年23億個も販売されていますが、そうした容器はほとんどプラスチックです。次に買うときは、どんなものが地球に優しいか考えましょう。

・ヴィーガン対応のカプセルで、オーガニック認証などを受けたサステナブルな天然成分を使っているものを探す
・ガラスびん入り、もしくは生分解性パウチ入りを選ぶ
・詰替の選択肢を提供している国内のブランドを支援する

魚をおいしく食べる

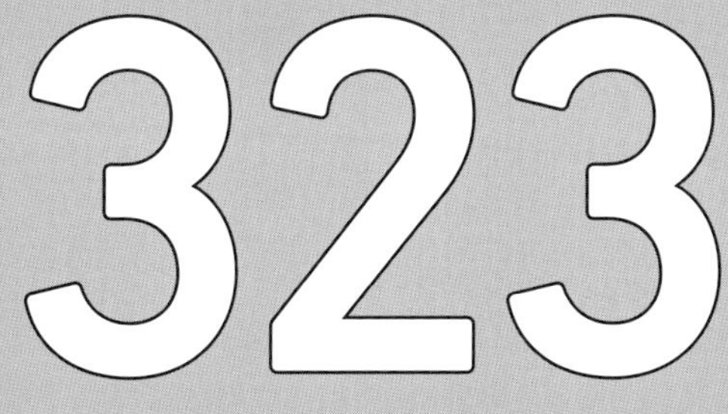

インパクト指標

200gのツナ缶を避ければ車の走行

3.2km

相当のCO_2を削減できます

どの魚を食べるかという選択は難しいものです（ムール貝を選ぶべき理由は86ページを参照してください）。手始めとしておすすめなのが、あなたの国でサステナブルに調達できる魚を確認すること。魚種資源と乱獲問題の状況に応じて変わるので、定期的にチェックしてください。

あなたの食べる魚がどこで、どのように漁獲されたかは重要です。世界の魚種資源の17%が過剰に漁獲され、52%が完全な乱獲状態、7%は枯渇しています。

糸と竿で釣った地元の魚を食べるのが理想です。漁網を使った商業的な手法は、海洋生態系を破壊します。できるなら養殖魚も避けましょう。というのも、抗生物質に大きく依存していて、動物福祉の観点から好ましいものではないからです。

ツナと呼ばれるものはカツオ以外は避け（ほかは絶滅の危機にあります）、スズキは特に絶滅が危惧されているので食べないようにしてください。代わりにヘイク（タラ目メルルーサ科）、スプラット（ニシン科）、北極イワナ（サケ科）などを選びましょう［イギリスの場合］。

324 無駄にしない

循環型デザインという考え方を取り入れて、古着を変化させて楽しみましょう。台所にあるもので染めれば、ごみだったものが新しく生まれ変わります。例えば、赤タマネギの皮を使えばオレンジ色に、アボカドの皮なら紫色に染まります。服を染めるのに食べ物や植物を使うことは、安い染料の大半に使われている有害成分を避けることにもなります。さて、どの服を甦らせましょうか？

インパクト指標

布地の大量生産に使われる化学染料の最大

50%

は生地と結合せず、水域に流れ出ます

インパクト指標

利益をチャリティに寄付するSNSアプリを使って、世界人口の1%が2分間の広告を見た場合、寄付総額は

800万ポンド

(約16億円)に達します

325 画面を見る時間が寄付になる

ほとんどの人が毎日スマートフォンやノートパソコンにかじりつき、その一環として広告を見ています。消費者の目にサステナブルな製品の広告が入るようにして、その見返りとして慈善団体や慈善活動への寄付を得ている新しいアプリやサービスがあります。もしも寄付したい先があるのに財布事情が許さないなら、そうした広告を日に2つ、3つ見ることが間接的な助けになるかもしれません。

私たちは1日に4000〜1万ものデジタル広告にさらされています。それらすべてがチャリティに還元されれば、すごいことになりますね。

326 部屋の芳香剤を手づくりする

家の中の空気の汚れに対する意識が高まっています。実は、屋外の大気の何倍も汚染されていることもあるのです。注意したいのは、コンセントに差して使う合成化学物質たっぷりの芳香剤。揮発性有機化合物(VOC)が含まれているかもしれず、室内の空気をますます汚します。

代わりに、サステナブルに調達されたエッセンシャルオイルのディフューザーを買うか、空のスプレーボトル(清潔なもの)を用意して、水とエッセンシャルオイルを混ぜ、家の中をすばらしい香りにしましょう。ローズマリー、ラベンダー、レモンオイルを同量ずつ加えるレシピを試してみてください。

インパクト指標

プラグ式芳香剤をやめてルームスプレーを手づくりすれば、年間

18.4kWh

のエネルギー削減になります

327 ヘンプ万歳

ヘンプ(大麻)は地球を救う作物です。捨てるところがなく、建築資材からボディバターまで何にでも変身します。ヘンプ製品を買うようにすることが需要を高めることにつながりますし、大金を費やす必要もありません。ヘンプハーツと呼ばれる麻の実(心臓に良いオメガ3、6、9の宝庫)をスムージーやグラノーラに加えたり、ヘンプオイルを菜種油代わりにドレッシングに使ったりしましょう。ヘンプをベースにしたヘアケアやスキンケアもあります。豊富に含まれるビタミンEが髪を強くし、肌をやわらかくしてくれます。

インパクト指標

ヘンプはほかの木の

4倍

のCO_2を貯留します

328 パーティは最後までグリーンに

天然素材を活かした飾り付け(95ページを参照)や繰り返し使えるアイテム(127ページを参照)にはこだわっても、パーティのお土産となると、お決まりのようにプラスチックのものが選ばれがちです。今度のお祝いで何かお土産をと考えているなら、以下のようなエシカルなものを検討してください。

- 自家製のクッキーやケーキ
- 紙で包装した手づくり石鹸
- 古本
- 手づくりバッジ
- 自家製のファッジやマシュマロ
- 野花の種

インパクト指標

私たちは1日に

12個

も使い捨てプラスチックを消費しています。あなたのパーティのお土産はこれにカウントされないようにしましょう

インパクト指標

プラスチック製の台所用品が年間

54億個

も廃棄されています

329 台所用品も長い目で見る

安いヘラやチーズおろし器をネットで見ると、買いたくなりますね。でも、そうしたものはたいていプラスチック製。台所用品も家庭内のほかすべてのものと同様に、エコという観点から見直す必要があります。次に新しい何かがいるときは、自問自答してみてください。

- プラスチックではなく、ガラス製、ステンレス製、木製のものはないか?
- シリコン製(長もちし、マイクロプラスチックの流出もない)のものはないか?
- 友人や隣人から借りられないか?
- 中古品を買うという選択肢はないか?

330 ローズマリーを救え

インパクト指標

ローズマリーには抗酸化物質と抗炎症物質が豊富に含まれ、血行促進作用があります

ローズマリーをお風呂に入れると、疲れや不安が和らぐことを知っていましたか？

摘んだローズマリーを（あればラベンダーも）沸騰させたお湯に入れ、1時間おきます。ローズマリーをすくい取り、できた「入浴剤」を消毒したびんに入れます。冷蔵庫で保管し、お風呂に2〜3カップ入れてください。

331 自家製グラノーラをつくる

包装された食品（砂糖やパーム油を多く含みがち）は減らし、買い置きやまとめ買い（156ページを参照）の食材で自家製グラノーラをつくりましょう。

1. オーツ麦500gに買い置きのナッツ類を2つかみほど混ぜます。
2. 溶かしたココナッツオイル大さじ2、はちみつ大さじ2、メープルシロップ125mlを混ぜ合わせます。これを1と混ぜ、クッキングシートを敷いた天板に広げます。
3. 150℃に予熱したオーブンに入れ、10〜15分焼いたところでドライフルーツやココナッツファインなどを2つかみほど加え、さらに10分焼きます。繰り返し使える容器で、1カ月間保存できます。

インパクト指標

包装された食品を避けることで、製造に使われる総エネルギー量の1/3を削減できます

332 あらかじめ献立を立てる

献立を立てることで、食品ロスを減らすことができます。また、テイクアウトやデリバリー、レトルトのような便利な食品などに頼ることが減るので、節約にもなります。初心者におすすめの、私のとっておきのコツをご紹介しましょう。

・季節の果物と野菜を取り入れる（154ページを参照）
・週に一度のメキシコ料理の日、ピザの日（8ページを参照）など、テーマを決める
・週に一度は新メニューに挑戦する
・ミートフリー・マンデー（36ページを参照）、ウィートレス・ウェンズデー（99ページを参照）、フィッシュフリー・フライデー（108ページを参照）を予定に組み込む
・食材の買い出しを忘れない
・食品は透明な容器で保存し、補充の必要性が一目でわかるようにしておく

インパクト指標

あらかじめ献立を立てれば

エネルギーの削減、お金の節約、生ごみの減量が可能です

333 動物の里親になる

インパクト指標

牙のために1日に

47頭

も殺されているアフリカゾウを救いましょう

野生のゾウはもう50万頭もいないことを知っていましたか？ ジャイアントパンダが2000頭を切っていることは？ 世界中の野生動物が私たちの力を必要としています。

気候危機は人間と天候だけの話ではありません。世界の変化のせいで今まさに苦しんでいる、数多くの種にとっても深刻な問題です。自分のためでもギフト用でもいいので、今週は動物の里親になれないか検討してください。大小さまざまな動物保護団体が行っているすばらしい活動を、里親として支援しましょう。

334 パーム油はパスする

インパクト指標

私たちが1人当たり年間

8kg

使用しているパーム油を削減しましょう

口紅から惣菜まで、安定性のあるパーム油は多くの食品と化粧品に添加されています。低コストで簡単に育てられますが、その栽培のために熱帯雨林が伐採され、生物多様性が失われます。

便利な食品、安価な製品への私たちの依存が一因なので、あなたの身の回りでパーム油不使用の製品に替えられるものはありませんか？ ビスケットやチョコレート（17ページを参照）、シャンプーや石けん（28ページを参照）など、置き換えるのは思っているよりも簡単です。

335 ハロウィンのカボチャの余生

アメリカでは毎年11月に45万トンものカボチャが捨てられていることを知っていましたか？ それが埋立地に行き着き、メタンガスを放出するわけです。ぞっとしますね。今年はカボチャを余さず使い切るようにしてください。

・近くの動物保護区にえさとして寄付する
・カボチャのスープをつくる
・種にココナッツオイルとカレー粉をまぶし、焼く
・実をピューレにして、リゾットや朝食のオートミールに加える
・どれもダメなら種は鳥にやり、残りは堆肥にする

インパクト指標

カボチャを育てるのにかかった1kgあたり

448g

のCO_2を無駄にしないよう、余さず使い切りましょう

336 水あかを落とすエコなわざ

インパクト指標

天然のものを掃除に利用して

水生生物を工業用化学物質から守りましょう

うろこ状の水あかが気になる部分に、半分に切ったレモンを直接こすりつけてみましょう。あるいは、同量のホワイトビネガーとお湯を混ぜ、水あかにかけて30分おきます。プラスチックボトル入りの洗剤は必要ありません。

337 車を使わない1日を

インパクト指標

車をやめて徒歩にすれば1kmにつきCO_2を

180g

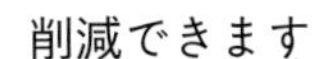

削減できます

たくさんの用事を短時間でこなしたいとき、車はとても便利です。でも、排気ガスを出す車をやめて自分の力で移動することは、あなたのCO_2を削減するすばらしい方法です。今月は一定の距離を歩くようにしませんか？ 車を使わない日を決めて、買い物に行くのも通勤も通学も徒歩にします。家族や同居人を巻き込んでみんなで取り組み、励まし合いましょう。

338 繰り返し使える電池を買う

インパクト指標

充電式電池なら、再生不可能な天然資源の消費量が

1/23

になります

テクノロジーはどんどんバーチャルへと移行していますが、リモコンからイルミネーションライトまで、あらゆるものに電池が必要なのは相変わらずです。何百回と繰り返し使える充電式の電池に投資しましょう。あなたのグリーンな灯火を輝かせ続ける、簡単にできる置き換えです。

インパクト指標

ナイロンでできたクッションの中身は埋立地で分解するのに

200年

かかります

339 クリエイティブなクッション

クッションの中身は大半がポリエステル、ナイロン、アクリルなどの合成繊維です。石油由来のプラスチックからできていてリサイクルが難しく、リサイクルセンターではほとんど引き取ってくれません。だから、新しいクッションに買い替えるのではなく、カバーを変えて使い続けましょう。

・折り込むタイプの封筒式クッションカバーなら、必要なのは1枚の布と最低限の縫製だけ
・手っ取り早く印象を変えたければ、ボタンやリボンを使ってアレンジする
・綿などの天然素材の古着でパッチワークのカバーを手づくりする
・古いカーテンを使って替え用カバーをつくる

340 多目的に使える製品を選ぶ

いくつもの用途がある製品を選ぶことは、さらなる包装材と新たな資源への需要を抑制し、炭素排出量を減らすことにつながります。すこぶる実用的な以下の置き換えをお試しください。

・いくつもの洗剤を揃えるのをやめて万能洗剤を手づくりするか、どこにでも使える天然素材のもの1つにする
・リップクリーム、乳液、化粧水の代わりに多用途スキンバーム1つで済ます
・口紅、チーク、アイシャドウと分けずに、唇にも頬にもまぶたにも使えるものを持つ
・ボディソープとシャンプーをまとめて体にも髪にも使える固形バーにする（28ページを参照）

インパクト指標

原油の

5%

は洗剤をはじめとする一般消費財の製造に使われています

341 地元のコミュニティガーデンを探す

インパクト指標

平均的なコミュニティガーデン1m²で

20食分

の農作物が収穫できます

ともに植物を育て、世話をすれば地域のきずなが深まり、庭のない人たちにも緑の憩いの場が手に入ります。また、コミュニティガーデンで食べられるものを育てることは、都市部における有効な土地活用法であり、短いサプライチェーンの誕生はスーパーマーケットの食品への依存度を下げます。さらに、ヒートアイランド現象の緩和につながり、孤独や不安と闘うことができます。利用と支援が増えれば増えるほどコミュニティガーデンは広がり、私たち全員がその恩恵にあずかれるのです。

342 慎重にレストランを選ぶ

インパクト指標

地元食材を使うレストランを選べば1食当たり平均

8kg

のCO_2を削減できます

外食をするときは、あなたの倫理観に基づいてお金を落としましょう。サステナブルに栽培された旬の地元食材を使うシェフを応援すれば、あなたの食べる料理のカーボンフットプリントを減らせます。ビュッフェや食べ放題は、食品の大量廃棄につながるので避けましょう。次の外食の機会には、以下を確認してください。

・ウェブサイトに食材調達に関するポリシーが掲載されているか
・肉メインではなく、季節に応じた植物性の料理を前面に打ち出しているか
・食材調達にあたってフードマイレージに上限をかけているか

343 キーストーン種について知る

インパクト指標

牡蠣は1個で日に

230Lもの

水を浄化します

キーストーン種（中枢種）というのは、それが食物連鎖中に存在することで生態系全体が効率的に機能する生物のことです。自然界に欠かせない基幹要素として働くわけです。あなたの国に自生しているキーストーン種は何か、どうすればサポートできるかを知りましょう。

牡蠣はキーストーン種の1つです。水を浄化する能力に優れ、岩礁を形成する貝で、その存在は魚などの海洋生物が繁栄するための構造を形成し、海洋生態系の多様性を促進します。また、海岸の浸食も遅らせます。牡蠣が繁殖しているか苦戦しているかを見れば、その地域の生態系がうまくいっているかわかるのです。

344 環境に優しいコンドームに替える

カゼイン（牛乳由来）からパラベン（人体に有害だとされている）まで、コンドームの素材は多岐にわたります。まずはヴィーガン、もしくは天然素材のものを選ぶようにしましょう。天然ラテックス100％のものはコンポストで生分解するので、環境に優しい選択です。もちろん、どんな種類であってもトイレに流してはいけません。海に行き着き、海洋生物を危険にさらす可能性があります。

インパクト指標

毎年

100億個

製造されているコンドームは、そのほとんどが海か埋立地に行き着き1000年間とどまります

345 ほかの人から刺激をもらう

地球を救いたいと思っているのは、あなただけではありません。世界にはあなたと同じ思いを持つ人が数多くいて、大小さまざまな変化を起こしています。自分がちっぽけで無力に感じられるときは、ほかの人の活動に目を向けたり、キーパーソンのSNSをフォローしたり、自分が力をもらえそうなことを試してみてください。

インパクト指標

CO_2排出量を米国人平均の1/10にまで減らした

気候変動問題活動家ピーター・カルマス

に関する記事を読みましょう

インパクト指標

温水ではなく常温の水でジーンズを洗えばエネルギー使用量を

90%

削減できます

346 ジーンズの洗濯は常温の水で

ジーンズは水で洗うほうが長もちします。お湯で洗うと染料が分解されるうえ、縮む可能性があります。理想は水で手洗いし、脱水機にかけず吊り干しで乾かすこと。あなたのジーンズもきっと感謝してくれるでしょう。

347 タオルウォーマーのスイッチを切る

シャワーやお風呂のあとの温かいタオルは嬉しいものですが、タオルウォーマーに終日かけたままという人も多く、密かに電気を消費しているので要注意です。あなた自身のフットプリントを減らしたいなら、家の中で本当に温めるべきものは何か、この機会に見直しましょう。

インパクト指標

タオルウォーマーのスイッチを切れば

200kWh

の節電になります

インパクト指標

カナダ人のポップコーン消費量は年間

80L

にもなりますが、袋のほとんどはリサイクルも堆肥化もできません

348 オリジナルのポップコーンをつくる

家族や友だちと家で映画を見て過ごす時にも、自分好みのポップコーンは驚くほど簡単につくれます。シリコン製の電子レンジ専用ポップコーンボウルを買いましょう。乾燥コーンと大さじ1の水を入れて電子レンジにかければ、コーンが弾けます。あるいは、フタ付きのフライパンに油と一緒に入れて火にかける方法もあります。

・溶かしバター、海塩、上白糖で映画館定番のポップコーンを再現
・はちみつ大さじ2、チリパウダー大さじ3/4でワンランク上の味に
・ヴィーガンにいくなら、乳製品不使用の代用バターとニュートリショナルイースト[加熱により失活させた栄養豊富な酵母、チーズのような旨味がある]で味付けを

349 モノの図書館から借りる

「モノの図書館(library of things)」は、地域の人々がドリルや脚立など、一時的に必要なものを借りることができるコミュニティスペースです。電動工具などのDIY必需品は購入(して保管)するのではなく、最寄りの「モノの図書館」を探して何日か借りましょう。

もしも近くにないなら、SNSの貸し出しグループから借りたり、コミュニティフォーラムで相談したりできませんか? あなた自身が「モノの図書館」を立ち上げることも考えてみてはどうでしょう?

インパクト指標

埋立地行きになるモノを買わないようにすることで排出量を

88トン

減らせます

350 木を植える

毎年およそ150億本もの木が伐採されている今、私たちはできるだけ多くの木を植えて、木が閉じ込めるCO_2の量を増やさなくてはなりません。それを実現するための方法を3つご紹介します。

・自宅の裏庭に在来種の苗木を植える
・地元の植林プロジェクトにボランティアとして参加する
・多数あるアプリやウェブサイトを利用して植樹する（ただし選択は慎重に。6ページを参照）

インパクト指標

木を1本植えれば人間が1日に必要な酸素を最大

4人分

放出してくれます

351 オーブンを効率的に使う

インパクト指標

オーブンの使用時間を毎日30分減らせば、1年間で車の走行

1000km

相当のCO_2を削減できます

あなたの台所でエネルギーを最も消費しているのはオーブンではないかもしれません（74ページを参照）。でも、エネルギー問題へのインパクトを下げてお金も節約したいなら、役に立つ裏技がいくつかあるので試してみてください。

・扉をあけるたびに庫内の温度が25℃下がる（つまり、再度の加熱に余分なエネルギーがかかる）ので、必要以上に扉をあけない
・予定調理時間より10分早くスイッチを切り、エネルギーを使わない余熱で火を通す
・一度に複数品を調理し、できる限り作り置きする（121ページを参照）

インパクト指標

マイカップは

20回

使わなければ製造時の排出量を相殺できません

352 余っている容器は職場でシェア

食べ切れなかったランチを持ち帰るためのプラスチック容器を忘れたり、朝のラテを入れてもらうためのマイカップを忘れたりしていませんか？ 繰り返し使える容器が家にいくつもあるなら、職場に持っていって共有のボックスに入れてシェアしましょう。同僚のみんなもランチの食べ残しを持ち帰ったり、昼休みにシャンプーを詰め替えたり、使い捨てのコーヒーカップを断ったりできるようになります。プラスチック製品は永遠に使えますから、共有して活用したいものです。

353 「もの言う投資家」になる

大層な話に聞こえますが、そんなことはありません。株式を公開している企業に投資すると、あなたはその会社の株式と、株主としての権利を持つことになります。

「もの言う投資家」は企業に世界規模の変革を促すための方法の1つです。株主としての権利を行使して、例えば、製品に配合されている危険な成分の使用をやめるよう訴える、労働者が労働組合に加入できるよう社内規定の変更を求める、といった目的のために株主を集めて、株主総会でロビー活動を行います。

投資を身近なものにするアプリが急速に広がっている今、こうしたお金の活かし方も考えてみましょう。

インパクト指標

ドイツでは成人の

6人に1人

が企業の株式を保有し、株主としての権利を行使しています

354 パンを掃除に使う

壁の汚れやシミを取るのにパン（内側のやわらかい部分）が使えると知っていましたか？ デッサンのときの消しゴムとしてパンのかけらを湿らせて使っていたことを考えれば、なるほどという感じですよね。パンの白い部分を丸め、指紋汚れやシミなどを叩くようにして（こすってはいけません）落としましょう。パンは捨てられる食品のトップ3に入っています。できるだけ無駄にしないでください。

インパクト指標

毎日

2400万枚

の食パンが廃棄されています。加担しないようにしましょう

355 しなびた袋入りサラダをソースに変身させる

インパクト指標

袋入りサラダの

40%

が廃棄されています。あなたのサラダはごみにしないでください

サラダ用として市販されている袋入り野菜は生ごみの常連であり、しかも、リサイクルの難しい軟質プラスチックの袋に入っています。しなびたベビーリーフやグリーンサラダも捨てずに、ミキサーでおいしいソースに変身させましょう。

1. 葉物2つかみをミキサーに入れ、オリーブオイルを注ぎ入れます。
2. パルメザンチーズをおろし入れ（ヴィーガンにするなら栄養酵母で代用）、にんにくのみじん切り大さじ1とナッツ類（由緒正しい松の実でも、家にあるどんなナッツでもかまいません）を加えます。
3. ミキサーのスイッチを入れます。なめらかさが足りなければオリーブオイルを足し、調味料で味を調えます。冷凍保存にも向くので作り置きして、1週間の献立に役立ててください（170ページを参照）。

勤め先に
炭素監査を依頼する

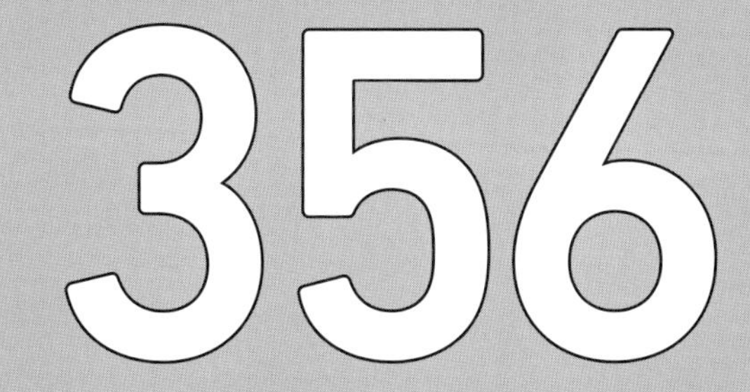

インパクト指標

1人当たり

5～15%

のCO_2削減を実現するには、従業員へのカーボンリテラシー教育が必要です

ネットゼロに向けて、全企業が歩みを進めなくてはなりません。もしもあなたの勤め先がまだ詳細なサステナブルアクションプランを策定していないなら、あるいは、排出量削減に向けたロードマップを公表していないなら、今が働きかけを始めるべきときです。

ネットゼロへの第一歩は炭素監査(カーボンオーディット)です。サプライチェーンの全容を把握し、自社がどこでCO_2を排出しているか理解することが基本であり、一般的には業界の専門知識を有する第三者機関が実施します。炭素監査によって基準値が確定したら、目標の設定と実現のための取り組みへと移れます。

迅速に大きな変化を遂げられる企業は、あらゆるレベルで従業員を巻き込み、取り組みに参加させています。あなたの勤め先ではうまくいっていないなら、自分に手伝えることはないか聞いてみましょう。

357 スムージーの定番レシピを持っておく

インパクト指標

世界全体では
果物の

46%

が廃棄されています。
食べごろを過ぎた果物の使い道を見つけて減らしましょう

食べごろを過ぎた果物の活用方法を知っていれば、生ごみとの戦いに半分勝ったようなものです。中でもバナナとリンゴは最大の敵であり、アメリカでは1人当たり週10ドル(約1500円)相当の果物が捨てられています。

茶色くなったバナナ、熟れすぎたベリー類、傷んだリンゴなどをごみ箱ではなくミキサーに入れられるように、手軽なスムージーのレシピを2つ3つ書き留めておきましょう。

358 電飾はLEDのものを

インパクト指標

従来のクリスマスの電飾をLEDに替えればエネルギー消費量が

90%

減ります

クリスマスのイルミネーションを楽しんでいる人も、雰囲気が好きで部屋にイルミネーションライトを飾っている人も、LEDのものに替えて環境への影響を減らしてください。NASAによれば、クリスマスシーズンは地球の一部が照明で50%明るくなるそうです。手を尽くしてこの時期をグリーンにすることが地球へのプレゼントになります。

インパクト指標

エアロゾル缶は年

130万トン

のVOCを放出しているので使うのをやめましょう

359 ヘアスプレーを手づくりする

ヘアスプレーのようなエアロゾル缶は大気の温度を上げるガス(揮発性有機化合物、VOC)を放出し、地球温暖化を進めます。また、環境に有害で発がん性もあるホルムアルデヒドも含んでいます。そんなスプレー缶を手放したとしても、ヘアスタイルへのこだわりを捨てる必要はありません。

ヘアスプレーは手づくりできます。まず、砂糖大さじ2と水200mlを片手鍋に入れ、砂糖が溶けたら火を止めて冷まします。お好みでラベンダーなどのエッセンシャルオイルを数滴加えましょう。繰り返し使える霧吹き容器に移し替えたら完成です。冷蔵庫で最長1週間もちます。

360 ウールを選ぶ

冬の暖かい衣類と言えばウールが絶対です。でも、自分でマフラーを編む場合も、国内ブランドのすばらしいセーターを買う場合も、長く愛用することを考えてください(長もちさせる保管方法は83ページを参照)。

ウールという天然繊維は温度調整機能に優れ(掛け布団や、冬に体を動かす際の肌着として最適です)撥水性があり、きちんと手入れすれば経年劣化の心配も少ないという特質があります。また、マイクロプラスチックが流出するようなこともなく、水での洗濯が推奨されているので、洗濯機を使うことによる環境への影響も少なくて済みます(35ページを参照)。

責任あるウール規格やウールマークなど、認定団体の認証を受けた国内ブランドの製品を選んでください。

インパクト指標

アクリルではなくウールのセーターを選べば炭素排出量を

72kg

減らせます

361 チャリティカードを選ぶ

次にグリーティングカードを買うときは、野生動物や環境の保護団体を支援しているものにしましょう。チャリティショップやネットショップで直接販売されているものが多くあります。こんな小さな変更で、大義のために寄付できるのです。さらに環境のことを考えるなら、使い捨てのプラスチック袋に入っていないカードを選んでくださいね。

インパクト指標

1年間に送るカードの数は1人平均

50枚。

慈善団体を支援するチャンスが50回あるということです

362 絆創膏もエコなものを

インパクト指標

昔ながらの絆創膏が年間

20億m

以上も廃棄されています

絆創膏は布製のものであってもプラスチックが含まれています。さらにプラスチック包装がなされているか、プラスチックの容器に入っているのが一般的です。また、分解に何十年とかかるマイクロファイバーも含まれているので、あなたの怪我は治るかもしれませんが、あなたの使った絆創膏は地球を壊します。紙製パッケージ入りの、生分解する竹生まれの絆創膏があるので探してみてください。

363 暖めるのは家ではなく人

あなたはドラマの一気見の最中ですが、寒さに震えています。暖かいブランケットを取ってきますか？ それとも暖房のスイッチを入れますか？ エコな答え（つまり正解）は、家ではなく人を暖めることです。そのほうが早いしサステナブルだし安上がり。ドキドキのエンディングまでぬくぬくで楽しみましょう。

インパクト指標

人を暖めれば最大で年

3090kWh

のエネルギー削減になります

インパクト指標

プラスチック汚染のせいで毎年

10万

を超える海洋哺乳類が命を落としています

364 パーティ用の風船を見直す

ゴム(ラテックス)の風船はパーティ飾りの定番ですが、獲物と間違えてしまう野生動物や海洋生物のことを考えれば、何もめでたくありません。

ゴム風船や、ヘリウム入りのアルミ風船はやめて、日本の紙風船にしましょう。ぺちゃんこの状態から使うときだけ膨らませることができ、繰り返し使えます。記念に大量の風船を空に飛ばすのは避けてください。現実問題として、環境に優しい風船など存在しないのですから。

365 クリスマスツリーはレンタルする

インパクト指標

レンタルしたクリスマスツリーを返せば

16kg

のCO_2排出を防げます

人工のクリスマスツリーよりも本物のモミの木のほうがエコです。でも、6〜7年にわたりCO_2を吸収しながら育てられても、伐採されてしまうのです。しかも、クリスマスツリーを埋め立てると、メタンガスが発生し、地球に害をもたらします。

地球により優しいトレンドは、クリスマスツリーを借りること。レンタルサービスを提供する農家も増えているので、木を選び、クリスマスの期間だけ借りて、終わったら翌年まで植え戻しておいてもらいましょう。

もっと望ましいのは本物の木を買い、クリスマスが終わったら裏庭に植えること。植えた樹木は1年中楽しめます。

参考文献

1 www.bbcgoodfood.com/howto/guide/cut-waste-food-packaging-avoid. **2** www.bbc.co.uk/news/uk-england-cambridgeshire-59039401. **3** www.earthday.org/fact-sheet-single-use-plastics. **4** www.wessexwater.co.uk/help-and-advice/your-water/save-water/in-the-garden. **5** www.ecoeats.ca/your-pizza-might-have-more-carbon-than-calories. **6** www.kentofinglewood.com/blogs/news/118196420-shaving-cream-or-soap-whats-the-difference. **7** www.aceee.org/files/proceedings/2000/data/papers/SS00_Panel7_Paper08.pdf. **8** Thomas D. Alcock, David E. Salt, Paul Wilson, Stephen J. Ramsden, More sustainable vegetable oil: Balancing productivity with carbon storage opportunities, Science of The Total Environment, Volume 829, 2022,154539, ISSN 0048-9697, DOI: www.doi.org/10.1016/j.scitotenv.2022.154539. **9** www.carbonliteracy.com/the-carbon-cost-of-an-email. **11** von Massow M, Parizeau K, Gallant M, Wickson M, Haines J, Ma DWL, Wallace A, Carroll N and Duncan AM (2019) Valuing the Multiple Impacts of Household Food Waste. Front. Nutr. 6:143. DOI：www.doi.org/10.3389/fnut.2019.00143. **12** www.britishbeautycouncil.com/wp-content/uploads/2021/03/the-courage-to-change.pdf. **13** www.energysavingtrust.org.uk/getting-best-out-your-led-lighting. **14** www.unilever.com/news/press-and-media/press-releases/2019/unilever-innovates-durable-reusable-and-refillable-packaging-to-help-eliminate-waste. **15** www.green-alliance.org.uk/wp-content/uploads/2021/11/losing_the_bottle_methodology.pdf. **17** www.second-handphones.com/knowledge-centre/post/buying-refurbished-phone-environmentally-friendly. **18** www.advancedmixology.com/blogs/art-of-mixology/is-sodastream-environmentally-friendly. **19** www.sustainabledevelopment.un.org/content/documents/10664zipcar.pdf. **22** www.epa.gov/watersense/showerheads. **23** Reay, D. (2019). Climate-Smart Chocolate. In: Climate-Smart Food. Palgrave Pivot, Cham. DOI：www.doi.org/10.1007/978-3-030-18206-9_6. **24** www.countryliving.com/uk/homes-interiors/gardens/a25219874/millions-plastic-plant-pots-landfill. **25** www.mckinsey.com/industries/retail/our-insights/fashion-on-climate. **27** www.elemental.medium.com/paper-receipts-are-bad-for-your-health-and-the-environment-ecf768dccd81. **28** www.theecologist.org/2008/may/22/behind-label-recycled-toilet-tissue. **29** Poore, J. Full Excel Model: Life-Cycle Environmental Impacts of Food Drink Products. University of Oxford, 2018. **30** www.sciencesearch.defra.gov.uk/Document.aspx?Document=14419_3280DefraPlasticBansPCBFinal.pdf. **31** www.dailymail.co.uk/news/article-1351662/Dont-mock-missing-sock-Lost-laundry-costs-240-year. **32** www.makemymoneymatter.co.uk/act-now. **33** Amy Hait, Susan E. Powers,The value of reusable feminine hygiene products evaluated by comparative environ-mental life cycle assessment, Resources, Conservation and Recycling, Volume 150, 2019, 104422, ISSN 0921-3449, DOI：www.doi.org/10.1016/j.resconrec.2019.104422. **34** www.eia-international.org/wp-content/uploads/Checking-Out-on-Plastics-2-report.pdf. **35** www.steenbergs.co.uk/blog/whats-the-carbon-footprint-of-your-cuppa. **36** www.theconversation.com/you-can-rewild-your-garden-into-a-miniature-rainforest-imagine-newsletter-4-119150. **37** www.independent.co.uk/climate-change/sustainable-living/disposable-barbecues-waitrose-aldi-ban-b2032698.html. **38** www.anthropocenemagazine.org/2017/07/reusable-or-disposable-which-coffee-cup-has-a-smaller-footprint. **39** www.nationalgeographic.com/environment/article/story-of-plastic-toothbrushes. **40** www.honestmobile.co.uk/2020/08/25/whats-the-carbon-footprint-of-my-smartphone. **42** www.cleenhaus.com/blogs/the-zero-waste-movement/why-single-use-wipes-are-bad-for-the-environment. **43** www.nippon.com/en/news/yjj2019102800722/curbing-use-of-plastic-umbrellas-seen-as-biz-chance-in-japan.html. **44** www.sleeporganic.co.uk/blogs/sleep-organic-blog/why-is-organic-bedding-better. **45** www.lush.com/uk/en/a/finding-the-best-shampoo-bar-for-all-hair-types. **46** Okin GS (2017) Environ-mental impacts of food consumption by dogs and cats. PLoS ONE 12(8): e0181301. DOI：www.doi.org/10.1371/journal.pone.0181301. **47** www.eea.europa.eu/publications/microplastics-from-textiles-towards-a. **48** www.bbc.com/future/article/20200218-climate-change-how-to-cut-your-carbon-emissions-when-flying. **49** www.foodbank.org.au/food-waste-facts-in-australia/?state=au. **50** www.gwp.co.uk/guides/christmas-packaging-facts. **51** www.floraldaily.com/article/9305333/how-many-houseplants-can-offset-co2-produced-from-charging-smartphones. **53** www.countryliving.com/uk/homes-interiors/gardens/a39606324/slug-pellets-banned-uk. **54** www.mindfulmomma.com/b-corp-force-for-good. **55** www.foodfootprint.nl/en/foodprintfinder/mayonnaise. **56** www.eco-business.com/news/going-plastic-free-how-hotels-are-joining-the-anti-plastic-fight. **57** www.fourseasonforaging.com/blog/2019/1/17/is-foraging-sustainable. **58** www.rac.co.uk/drive/advice/how-to/the-hosepipe-ban-how-to-keep-your-car-clean. **59** www.weforum.org/agenda/2020/02/avocado-environment-cost-food-mexico. **60** www.energysavingtrust.org.uk/sites/default/files/reports/EST_11120_Save%20Energy%20in%20your%20Home_15.6.pdf. **61** www.e360.yale.edu/features/why-saving-worlds-peatlands-can-help-stabilize-the-climate. **62** www.meatfreemondays.com/facts-and-figures. **64** www.wichita.edu/about/wsunews/news/2021/03-march/EET_Shoe_Recycling_5.php. **65** www.birda.org/why-is-birdwatching-important. **66** www.livewest.co.uk/creating-greener-futures-together/cleaning/is-my-vacuum-bad-for-the-environment. **67** www.sprep.org/attachments/Publications/FactSheet/plasticbags.pdf. **68** www.frc.cfsd.org.uk/wp-content/uploads/2019/11/Impact-of-UK-Repair-Cafe%CC%81s-on-GHG-emissions_v15_SP.pdf. **69** www.getthegloss.com/beauty/is-your-chewing-gum-made-of-plastic. **70** www.goodcleanhealthco.com/about. **72** www.norwexmovement.com/9-reasons-pass-paper. **73** Statistaよりデータ引用：「U.S. population: Do you use mascara?」www.statista.com/statistics/276377/us-households-usage-of-mascara. **74** www.gekko-uk.com/news-press/brits-wasting-over-half-a-billion-pounds-every-year-online-on-unwanted-goods-gekko-study. **75** www.greenpeace.org/usa/sustainable-agriculture/save-the-bees. **76** www.bbc.com/future/article/20200305-why-your-internet-habits-are-not-as-clean-as-you-think. **77** www.greenpeace.org.uk/news/5-surprising-things-we-learned-from-the-biggest-ever-household-plastic-count. **78** www.toogoodtogo.com/en-us/movement/knowledge/the-carbon-footprint. **79** www.trvst.world/sustainable-living/environmental-impact-of-cosmetics. **80** www.co2everything.com/co2e-of/cheese. **81** Springmann, Marco & Godfray, Charles & Rayner, Mike & Scarborough, Peter. (2016). Analysis and valuation of the health and climate change cobenefits of dietary change. Proceedings of the National Academy of Sciences. 113. 201523119. DOI：www.doi.org/10.1073/pnas.1523119113. **82** www.fwi.co.uk/arable/land-preparation/soils/fermenting-organic-matter-better-for-soil-health-than-composting. **83** www.waterwise.org.uk/save-water. **84** Statistaよりデータ引用：「Number of trunks, suitcases and similar products sold by manufacturers in the United Kingdom (UK) from 2008 to 2021」. www.statista.com/statistics/468715/luggage-cases-manufacturers-sales-volume-united-kingdom-uk. **85** www.carbontrust.com/resources/carbon-impact-of-video-streaming. **86** www.eater.com/2017/9/1/16239964/bread-excess-waste-production-problem-solution. **87** Peedikayil FC, Sreenivasan P, Narayanan A. Effect of coconut oil in plaque related gingivitis - A preliminary report. Niger Med J. 2015 Mar-Apr;56(2):143-7. DOI：www.doi.org/10.4103/0300-1652.153406. PMID: 25838632; PMCID: PMC4382606. **88** www.interviewarea.com/frequently-asked-questions/how-much-co2-does-a-candle-produce. **89** www.gwmwater.org.au/conserving-water/saving-water/how-much-water-you-use. **90** www.greenchoices.org/green-living/at-home/is-it-greener-to-hand-wash-or-use-a-dishwasher. **91** www.thewaterline.global/news/using-a-tumble-dryer-for-one-year-emits-more-carbon-than-a-tree-can-absorb-in-50. **92** www.loveyourclothes.org.uk/about/why-love-your-clothes. **93** www.

soilassociation.org/causes-campaigns/save-our-soil. **94** www.theguardian.com/environment/blog/2009/sep/04/lifts-energy-take-the-stairs. **95** www.earthworks.org/issues/environmental-impacts-of-gold-mining. **97** www.toastale.com/about-us. **98** www.thepath.co.uk. **99** www.ons.gov.uk/peoplepopulationandcommunity/wellbeing/articlesthreequartersofadultsingreatbritainworryaboutclimatechange/2021-11-05. **100** www.thespruce.com/saving-bean-seeds-from-your-garden-2539693. **101** Dulisz, B., Stawicka, A.M., Knozowski, P. et al. Effectiveness of using nest boxes as a form of bird protection after building modernization. Biodivers Conserv 31, 277. 294 (2022). DOI:www.doi.org/10.1007/s10531-021-02334-0. **102** www.eu.usatoday.com/story/news/nation/2019/08/07/landfill-waste-how-prevent-disposable-razor-plastic-pollution/1943345001 103 www.feedbackglobal.org/the-figures-are-in-the-on-farm-food-waste-mountains. **104** www.thesixtysix.co/pages/action. **105** www.energysavingtrust.org.uk/significant-changes-are-coming-uk-heating-market. **106** www.legrand.us/about-us/sustainability/high-performance-buildings/tools-and-downloads. **107** www.bbc.com/future/article/20200710-why-clothes-are-so-hard-to-recycle. **108** www.betterfood.co.uk/embrace-eating-locally. **109** www.thinkingsustainably.com/is-dental-floss-eco-friendly. **110** www.theguardian.com/environment/2021/nov/02/wet-wipes-forming-islands-across-uk-after-being-flushed. **111** www.unep.org/news-and-stories/story/plogging-eco-friendly-workout-trend-thats-sweeping-globe. **112** www.adirondackwormfarm.com/post/how-to-lower-your-carbon-footprint-by-more-than-1-ton-every-year. **113** www.techtalk.currys.co.uk/kitchen-home/washing-machines-cleaning/cost-of-cleaning. **114** www.natusan.co.uk/blogs/inside-scoop/five-easy-tips-to-improve-your-cats-environmental-impact. **115** www.micropakltd.com/en/news/how-much-plastic-is-in-a-desiccant. **116** www.sustainyourstyle.org/en/whats-wrong-with-the-fashion-industry#anchor-environmental-impact:. **117** www.ucl.ac.uk/news/2021/jan/analysis-heres-carbon-cost-your-daily-coffee-and-how-make-it-climate-friendly. **118** www.wired.co.uk/article/airline-emissions-carbon-footprint. **119** www.eatgrub.co.uk/why-eat-insects. **120** www.ourlovelyearth.com/is-tissue-paper-recyclable. **121** www.sustainablebuild.co.uk/impact-carbon-labelling. **122** www.rhs.org.uk/plants/types/houseplants/for-human-health. **123** www.metro.co.uk/2021/01/10/households-are-wasting-over-2500-worth-of-food-each-year-13880137. **124** www.redstagfulfillment.com/returned-holiday-gifts 125 www.greatbritishlife.co.uk/food-and-drink/this-new-cling-film-will-break-down-and-be-compostable-7292724. **126** www.theguardian.com/science/2016/sep/27/washing-clothes-releases-water-polluting-fibres-study-finds. **127** www.ribble-pack.co.uk/blog/much-paper-comes-one-tree. **128** www.onegreenplanet.org/environment/how-growing-your-own-food-can-benefit-the-planet. **129** www.grist.org/article/a-fly-in-the-ointment. **130** www.foodfootprint.nl/en/foodprintfinder/lemon. **131** www.apexbeecompany.com/honey-bee-facts. **132** blog.searchscene.com/how-much-co2-does-a-tree-sequester. **133** www.planetware.com/netherlands/top-rated-cities-in-the-netherlands-nl-1-8.htm. **134** https://renoon.medium.com/how-much-can-you-reduce-your-carbon-emissions-by-switching-to-sustainable-basics-5ec15d94c201. **135** www.sussex.ac.uk/broadcast/read/56961. **136** www.interweavetextiles.com/faq/how-do-i-dispose-of-old-pillows-and-duvets-2. **137** weare.lush.com/lush-life/our-impact-reports/go-circular. **138** www.bbc.com/future/article/20201204-climate-change-how-chemicals-in-your-fridge-warm-the-planet. **139** www.cleanup.org.au/softplastics. **140** aqli.epic.uchicago.edu/reports. **141** www.nalu-project.com/the-story-of-nalu. **142** apps.carboncloud.com/climatehub/product-reports/id/84990605226. **143** www.sciencedaily.com/releases/2020/12/201204110246.htm. **144** www.euronews.com/green/2021/01/18/turning-off-your-camera-in-video-calls-could-cut-carbon-emissions-by-96. **145** www.sustainyourstyle.org/en/whats-wrong-with-the-fashion-industry#anchor-environmental-impact. **146** www.myemissions.green/food-carbon-footprint-calculator. **147** Alejandro Gallego-Schmid, Joan Manuel F. Mendoza, Adisa Azapagic, Environ-mental impacts of takeaway food containers, Journal of Cleaner Production, Volume 211, 2019, Pages 417-427, ISSN 0959-6526, DOI:www.doi.org/10.1016/j.jclepro.2018.11.220. **148** www.rusticwise.com/how-to-save-money-on-kids-clothes. **149** www.tabithaeve.co.uk/blogs/product-guides/plastic-bath-poufs-why-we-hate-them. **150** www.sciencefocus.com/science/are-our-pets-bad-for-the-environment. **151** www.earthday.org/fact-sheet-single-use-plastics. **152** www.sustainyourstyle.org/en/whats-wrong-with-the-fashion-industry#anchor-environmental-impact. **153** www.moneysavingexpert.com/news/2019/04/90--of-train-tickets-to-be-available-as-paperless-by-the-end-of-. **154** www.wrap.org.uk/sites/default/files/2020-09/WRAP-Milk%20Bottle%20R%20and%20D%20report.pdf. **155** www.houselogic.com/save-money-add-value/save-on-utilities/water-savings-barrel. **156** www.wearedonation.com/en-gb/do-actions/draught-busters. **157** www.wornbrand.com/blogs/off-the-radar/the-environmental-impact-of-wool-farming. **158** www.vogue.co.uk/fashion/article/is-renting-your-clothes-really-more-sustainable. **159** www.comparethemarket.com.au/energy/features/carbon-footprint-of-phone-charging. **160** www.theguardian.com/food/2022/sep/22/short-menus-local-produce-no-tablecloth-how-to-choose-a-restaurant-and-help-save-the-planet. **161** apps.carboncloud.com/climatehub/product-reports/id/89147406836. **162** www.cleanorigin.com/diamond-environmental-impact. **163** www.thefishsite.com/articles/mussel-farming-a-source-of-sustainable-protein-that-promotes-biodiversity 164 www.trusselltrust.org/wp-content/uploads/sites/2/2022/08/Impact-Report-2022-web.pdf. **165** www.wowelifestyle.com/blogs/better-living/stainless-steel-vs-plastic. **166** www.directlinegroup.co.uk/en/news/brand-news/2018/plastic-waste--980-tonnes-of-travel-sized-products-are-dumped-ev.html. **167** Valeria De Laurentiis, Sara Corrado, Serenel-la Sala, "Quantifying household waste of fresh fruit and vegetables in the EU," Waste Management, Volume 77, 2018, Pages 238-251, ISSN 0956-053X, DOI:www.doi.org/10.1016/j.wasman.2018.04.001. **168** www.recyclecoach.com/blog/aluminum-foil-recycling-7-must-know-tips-for-work. **169** www.cobblersdirect.com/post/shoe-repair-the-sustainable-way. **170** www.devonwildlifetrust.org/actions/how-create-hedgehog-hole. **171** www.georgetown-voice.com/2021/10/22/green-clothing-swap-reduces-waste. **172** www.euronews.com/green/2021/03/12/your-weekly-takeaway-habit-could-come-with-a-surprisingly-large-carbon-footprint. **173** www.oecd.org/environment/plastic-pollution-is-growing-relentlessly-as-waste-management-and-recycling-fall-short.htm. **174** www.forbes.com/sites/jonbird1/2018/07/29/what-a-waste-online-retails-big-packaging-problem. **175** www.voltafuturepositive.com/2020/11/20/next-gen-games-consoles-are-greener-than-before. **176** www.unsustainablemagazine.com/sustainable-camping-benefits. **177** www.tersussolutions.com/tersusnews/2021/6/23/combating-landfill-statistics-using-upcycling-as-a-service. **178** www.pressreleases.responsesource.com/news/78677/don-t-fill-the-kettle-fill-the-cup. **179** www.petsradar.com/advice/how-many-toys-should-a-puppy-have. **180** xtre-ma.co.uk/blogs/blog/teflon-environmental-and-health-concerns. **181** www.make.works/blog/how_is_tinsel_made. **182** www.unu.edu/news/news/ewaste-2014-unu-report.html. **183** www.energysavingtrust.org.uk/top-five-energy-consuming-home-appliances. **184** www.packagingonline.co.uk/blog/Could-your-packaging-outlive-mankind-Here%E2%80%99s-the-timeline-revealing-the-slowest-waste-materials-to-decompose. **185** www.hortweek.com/time-government-action-plastic-plant-pot-recycling-say-horticulture-industry-figures/ornamentals/article/1498930. **186** www.pebblemag.com/magazine/living/dried-flowers-a-complete-guide. **187** www.parkstreet.com/much-wine-consumers-throw-away. **188** www.feedbackglobal.org/wp-content/uploads/2018/08/Farm_waste_rcport_.pdf. **189** Statistaよりデータ引用:「Global per capita food use of wheat from

2000 to 2031」. www.statista.com/statistics/237890/global-wheat-per-capita-food-use-since-2000. **190** www.nature.com/articles/d41586-021-02992-8. **191** www.wwf.eu/?4049841/fifteen-per-cent-of-food-is-lost-before-leaving-the-farm-WWF-report. **192** www.theguardian.com/us-news/2019/may/23/fragrance-perfume-personal-cleaning-products-health-issues. **193** www.corksoluk.com/latest-news/how-long-does-cork-last. **194** www.greenpeace.org/usa/sustainable-agriculture/save-the-bees. **195** www.bbc.co.uk/news/magazine-34647454. **196** www.iwto.org/sheep. **197** www.macfarlanepackaging.com/blog/the-difference-between-compostable-home-compostable-and-industrial-compostable-packaging. **198** www.build-review.com/national-poll-reveals-almost-half-of-brits-are-unaware-that-buying-preloved-or-second-hand-furniture-is-greener-than-buying-new. **199** www.commonobjective.co/article/are-sustainable-hangers-all-they-re-cracked-up-to-be. **200** www.cyclingweekly.com/news/latest-news/benefits-of-cycling-334144. **201** www.opcf.org.hk/en/press-release/opcfhk-survey-shows-plastic-straw-consumption-in-hong-kong-reduced-by-40-percent-over-past-three-years. **202** www.nytimes.com/2016/08/10/science/air-conditioner-global-warming.html. **203** www.medium.com/stanford-magazine/carbon-and-the-cloud-d6f481b79dfe. **204** www.cnet.com/health/personal-care/how-much-sunscreen-do-you-really-need-this-summer. **205** www.knowcarbon.com/tentshare. **206** www.greenpeace.de/sites/default/files/publications/20190611-greenpeace-report-ghost-fishing-ghost-gear-deutsch.pdf. **207** www.earthworm.org/uploads/files/Earthworm-Foundation-2022-Soils-Report-LookDownT. **208** www.youniquefoundation.org/kintsugi-the-value-of-a-broken-bowl. **209** www.splosh.com/about-us/why-splosh. **211** www.peacewiththewild.co.uk/product-category/haircare/hair-brushes-combs. **213** Gray, C., Hill, S., Newbold, T. et al. Local biodiversity is higher inside than outside terrestrial protected areas worldwide. Nat Commun 7, 12306 (2016). DOI:www.doi.org/10.1038/ ncomms12306. **214** www.flowersfromthefarm.co.uk/learning-resources/the-carbon-footprint-of-flowers. **215** Our World in Dataよりデータ引用:「Very little of global food is transported by air; this greatly reduces the cli-mate benefits of eating local」. www.ourworldindata.org/food-transport-by-mode. **216** www.overshootday.org. **217** www.irishtimes.com/life-and-style/food-and-drink/palm-oil-it-s-in-our-bread-and-biscuits-and-it-s-killing-orang-utans-1.4019582. **219** www.sustainability.tufts.edu/wp-content/uploads/Computer_brochures.pdf. **220** www.77diamonds.com/sustainable-weddings. **221** Morgan SL, Morgan PB, Efron N. Environmental impact of three replacement modalities of soft contact lens wear. Cont Lens Anterior Eye. 2003 Mar;26(1):43-6. DOI:www.doi.org/10.1016/S1367-0484(02)00087-5. PMID: 16303496. **222** www.protega-global.com/2021/02/09/10-daunting-plastic-packaging-statistics. **223** www.holidayhypermarket.co.uk/hype/nearly-3-million-lilos-dumped-each-year-by-brits-abroad. **225** Bruno P. Bruck, Valerio Incerti, Manuel Iori, Matteo Vignoli, Minimizing CO2 emissions in a practical daily carpooling problem, Computers & Operations Re-search, Volume 81, 2017, Pages 40-50, ISSN 0305-0548, DOI:www.doi.org/10.1016/j.cor.2016.12.003. **226** Erdem Cuce, Thermal regulation impact of green walls: An experimental and numerical investigation, Applied Energy, Volume 194, 2017, Pages 247-254, ISSN 0306-2619, DOI:www.doi.org/10.1016/j.apenergy.2016.09.079. **227** www.treehugger.com/problem-too-many-tote-bags-4857397. **228** www.sloanreview.mit.edu/article/why-sharing-good-news-matters. **229** www.plantlife.org.uk/uk/about-us/news/no-mow-may-how-to-get-ten-times-more-bees-on-your-lockdown-lawn. **230** www.theguardian.com/environment/2021/mar/24/big-banks-trillion-dollar-finance-for-fossil-fuels-shocking-says-report. **232** www.greenly.earth/blog-en/what-is-the-carbon-footprint-of-a-refurbished-phone. **233** Palacios-Mateo, C., van der Meer, Y. & Seide, G. Analysis of the polyester clothing value chain to identify key intervention points for sustainability. Environ Sci Eur 33, 2 (2021). DOI:www.doi.org/10.1186/s12302-020-00447-x. **234** Namy Espinoza-Orias, Adisa Azapagic, Understanding the impact on climate change of convenience food: Carbon footprint of sandwiches, Sustainable Production and Consumption, Volume 15, 2018, Pages 1-15, ISSN 2352-5509, DOI:www.doi.org/10.1016/j.spc.2017.12.002. **235** www.globalgreens.org/member-parties. **236** Erratum for the Research Article "Reducing food's environmental impacts through producers and con-sumers" by J. Poore and T. Nemecek SCIENCE 22 Feb 2019 Vol 363, Issue 6429. DOI:www.doi.org/10.1126/science.aaw9908. **237** Doumit M, Al Sayah F, The trends in consumption patterns of tooth-brushes and toothpastes in Lebanon. East Mediterr Health J. 2018;24(2):216-220. DOI:www.doi.org/10.26719/2018.24.2.216. **238** www.vogue.com/article/bed-linen-waste-survey. **239** www.reuters.com/article/us-day-emissions-idUKSP13323220080605. **240** www.ribble-pack.co.uk/blog/much-paper-comes-one-tree. **241** www.sierraclub.org/sierra/let-s-ban-junk-mail-already. **242** www.wwf.org.uk/updates/plastics-why-we-must-act-now. **243** www.aluminum.org/sites/default/files/2021-11/2021_CanLCA_Summary.pdf. **244** www.mirror.co.uk/3am/style/wardrobe-clothing-items-never-worn-26320030. **245** www.ellenmacarthurfoundation.org/circular-examples/replenish. **246** www.plastic.education/cups-single-use-disposable-vs-reusable-an-honest-comparison. **247** www.theguardian.com/environment/2018/nov/28/one-in-six-pints-of-milk-thrown-away-each-year-study-shows. **248** www.rubicon.com/blog/food-waste-facts. **249** Christian Brand, Evi Dons, Esther Anaya-Boig, Ione Avila-Palencia, Anna Clark, Audrey de Nazelle, Mireia Gascon, Mailin Gaupp-Berghausen, Regine Gerike, Thomas Gotschi, Francesco Iacorossi, Sonja Kahlmeier, Michelle Laeremans, Mark J Nieuwenhuijsen, Juan Pablo Orjuela, Francesca Racioppi, Elisabeth Raser, David Rojas-Rueda, Arnout Standaert, Erik Stigell, Simona Sulikova, Sandra Wegener, Luc Int Panis, The climate change mitigation effects of daily active travel in cities, Transportation Research Part D: Transport and Environment, Volume 93, 2021, 102764, ISSN 1361-9209, DOI:www.doi.org/10.1016/j.trd.2021.102764.
250 www.independent.co.uk/climate-change/uk-bathrooms-plastic-bottles-recycling -b1931829.html. **251** www.theaa.com/driving-advice/fuels-environment/drive-economically. **252** www.conserve-energy-future.com/is-kraft-paper-recyclable.php. **253** www.theguardian.com/environment/green-living-blog/2010/jun/17/carbon-footprint-of-tea-coffee. **254** www.citytosea.org.uk/disposable-nappies. **255** www.sustainablejungle.com/sustainable-fashion/sustainable-fabrics. **256** www.nationalgeographic.com/environment/article/story-of-plastic-toothbrushes. **257** www.greenpeace.org.uk/news/5-surprising-things-we-learned-from-the-biggest-ever-household-plastic-count. **258** www.sustainabilitynook.com/kitchen-sponge-decompose-how-long. **260** www.businessinsider.com/amount-of-water-needed-to-grow-one-almond-orange-tomato-2015-4?r=US&IR=T. **261** www.stellamccartney.com/gb/en/sustainability/recycled-cashmere.html. **262** www.sciencedaily.com/releases/2001/05/010529234907.htm. **263** Liisa Tyrvainen, Ann Ojala, Kalevi Korpela, Timo Lanki, Yuko Tsunetsugu, Takahide Kagawa, The influ-ence of urban green environments on stress relief measures: A field experiment, Journal of Environ-mental Psychology, Volume 38, 2014, Pages 1-9, ISSN 0272-4944, DOI:www.doi.org/10.1016/j.jenvp.2013.12.005 . **264** www.bulb.co.uk/blog/how-to-measure-the-carbon-impact-of-working-from-home. **265** www.sustainweb.org/blogs/jun20_cutting_sugar_climate_nature_emergency. **266** www.energysav-ingtrust.org.uk/advice/home-appliances. **267** www.beautytmr.com/wash-away-water-worries-lor%C3%A9al-and-gjosa-innovation-makes-rinsing-shampoo-5-times-more-efficient-2bc6a3561de2. **268** www.careelite.de/en/food-waste-statistics-numbers-facts/#haushalt. **269** www.scrummi.com/blog/environmental-sustainability-hairdressing-salon. **271** www.cbenvironmental.co.uk/docs/Recycling%20Activity%20Pack%20v2%20.pdf. **272** www.bbc.com/news/science-environment-49349566. **273** www.theguardian.com/environment/green-living-blog/2010/jul/01/carbon-

footprint-banana. **275** www.en.vogue.me/fashion/fast-fashion-2021-statistics. **276** www.nextgreencar.com/mpg/eco-driving. **277** www.eco2greetings.com/News/The-Carbon-Footprint-of-Email-vs-Postal-Mail.html. **278** www.sierraclub.org/sierra/2021-2-summer/stress-test/can-farming-seaweed-put-brakes-climate-change. **279** www.succulentsandsunshine.com/how-to-water-succulent-plants. **280** www.euronews.com/green/2020/10/07/do-environmental-documentaries-actually-have-an-impact-on-people-s-bad-habits. **281** www.energysavingtrust.org.uk/switching-renewable-energy-home. **282** www.waterfootprint.org/en/about-us/news/news/world-water-day-cost-cotton-water-challenged-india. **283** www.ecoandbeyond.co/articles/4-reasons-to-drink-bag-in-box-wine. **284** CO337 c Energy Saving Trust, July 2013 . www.energysavingtrust.org.uk/sites/default/files/reports/AtHomewithWater%287%29.pdf. **286** www.maemae.ca/blogs/learn-more/the-environmental-impact-of-conventional-lip-balm. **287** A. Ertug Ercin, Maite M. Aldaya, Arjen Y. Hoekstra, The water footprint of soy milk and soy burger and equivalent animal products, Ecological Indicators, Volume 18, 2012, Pages 392-402, ISSN 1470-160X, DOI:www.doi.org/10.1016/j.ecolind.2011.12.009. **288** www.pebblemag.com/magazine/travelling/how-to-travel-plastic-free. **289** www.makemymoneymatter.co.uk/wp-content/uploads/2022/02/Cutting-Deforestation-from-our-Pensions-final-report.pdf. **290** www.directlinegroup.co.uk/en/news/brand-news/2018/plastic-waste--980-tonnes-of-travel-sized-products-are-dumped-ev.html. **292** Statistaよりデータ引用:「Hair color/dye market in the U.S. . Statistics & Facts」. www.statista.com/topics/6216/hair-color-dye-market-in-the-us/#topicHeader__wrapper. **293** www.hempfarmsaustralia.com.au/carbon-sequestration-harvesting-carbon-from-hemp. **294** www.together-for-our-planet.ukcop26.org. **295** www.conserve-energy-future.com/can-you-recycle-backpacks.php. **296** www.epa.gov/sites/default/files/2018-07/documents/smm_2015_tables_and_figures_07252018_fnl_508_0.pdf. **297** www.preloveduniform.co.uk/misc/environmental-impact-school-uniform. **298** www.theguardian.com/environment/2019/feb/10/plummeting-insect-numbers-threaten-collapse-of-nature. **299** www.climateneutralgroup.com/en/news/what-exactly-is-1-tonne-of-co2. **300** www.co2living.com/reduce-your-carbon-footprint-by-seasonal-eating. **301** Statistaよりデータ引用:「How often, if ever, do you read the instructions on the tag for how to wash your clothes before washing them?」. www.statista.com/statistics/1057335/frequency-of-reading-washing-instructions-on-clothing-labels. **302** www.cookedbest.com/food-waste-facts. **303** www.fridaysforfuture.org. **304** Anais JAREL RODRIGUEZ「How much can bulk stores help reduce carbon footprint by limiting plastic food packaging?」、HES国際ビジネスマネージメント学士号取得のための論文、DOI:www.doc.rero.ch/record/329880/files/TBIBM_2020_JARELRODRIGUEZ_Anai_s.pdf. **305** www.greenmatters.com/p/environmental-impact-plastic-toys. **306** www.hubbub.org.uk/blog/plastic-free-lunch-campaign. **307** www.ovoenergy.com/ovo-newsroom/press-releases/2019/november/think-before-you-thank-if-every-brit-sent-one-less-thank-you-email-a-day-we-would-save-16433-tonnes-of-carbon-a-year-the-same-as-81152-flights-to-madrid. **309** www.gardenhosezone.com/garden-hose-gallons-per-hour. **310** Statistaよりデータ引用:「Production of polyethylene terephthalate bottles world-wide from 2004 to 2021」. www.statista.com/statistics/723191/production-of-polyethylene-terephthalate-bottles-worldwide. **312** www.everydayenvironmental.com/are-cloth-or-paper-napkins-better-for-the-environment. **313** www.fao.org/3/bb144e/bb144e.pdf. **315** www.wwf.org.uk/updates/here-are-our-conservation-wins-2016. **316** www.leasing.com/car-leasing-news/which-is-better-for-fuel-economy-windows-open-or-ac-on. **317** www.wired.co.uk/article/central-heating-gas-boiler-climate-change. **318** www.lovefoodhatewaste.ca/about/food-waste. **319** www.oxfam.org.uk/get-involved/second-hand-september. **320** www.crowdcube.com/companies/e-car-club. **321** www.co2living.com/how-many-trees-to-offset-a-flight. **322** www.terraseed.com/blogs/news/the-animal-and-environmental-impacts-of-the-supplement-industry-a-summary-of-our-findings. **323** www.unctad.org/news/90-fish-stocks-are-used-fisheries-subsidies-must-stop. **324** Bruno Lellis, Cintia Zani Favaro-Polonio, Joao Alencar Pamphile, Julio Cesar Polonio, Effects of textile dyes on health and the environment and bioremediation potential of living organisms, Biotechnology Research and Innovation, Volume 3, Is-sue 2, 2019, Pages 275-290, ISSN 2452-0721, DOI:www.doi.org/10.1016/j.biori.2019.09.001. **325** www.weare8.com/irmp. **326** www.slate.com/technology/2010/09/are-air-fresheners-bad-for-the-environment.html. **327** www.goodhemp.com/the-facts. **328** www.plasticsoupfoundation.org/en/2018/11/over-30-kilos-of-plastic-waste-per-person-a-year-and-barely-recycled. **329** www.seedscientific.com/plastic-waste-statistics. **331** www.una.org.uk/magazine/3-2015/10-helpful-ways-you-can-save-planet. **333** www.support.wwf.org.uk/adopt-an-elephant?. **334** www.theguardian.com/news/2019/feb/19/palm-oil-ingredient-biscuits-shampoo-environmental. **335** www.greeneatz.com/1/post/2012/10/how-green-is-my-pumpkin.html. **337** www.bbc.com/future/article/20200317-climate-change-cut-carbon-emissions-from-your-commute. **338** www.uniross.co.za/bio_ademeSurvey.html. **339** www.theecohub.com/nylon-eco-friendly-sustainable-fabric. **340** www.theguardian.com/environment/2018/feb/15/cleaning-products-urban-pollution-scientists. **341** www.gardenpals.com/community-garden. **342** www.blog.gotenzo.com/the-carbon-neutral-restaurant-a-pipedream-or-an-inevitability. **343** coastalscience.noaa.gov/news/water-cleaning-capacity-of-oysters-could-mean-extra-income-for-chesapeake-bay-growers-video. **344** www.vice.com/en/article/v7dvw4/climate-crisis-environment-effect-sex-relationships. **345** www.peterkalmus.net. **346** www.coldwatersaves.org/index.html. **347** www.eskimoheat.com.au/do-heated-towel-rails-use-a-lot-of-electricity. **348** www.scoutpopcorn.ca. **349** www.libraryofthings.co.uk/why. **350** www.usda.gov/media/blog/2015/03/17/power-one-tree-very-air-we-breathe. **351** www.consumerecology.com/carbon-footprint-of-cooking. **352** www.theconversation.com/reusable-containers-arent-always-better-for-the-environment-than-disposable -ones-new-research-166772. **353** . www.dai.de/en/shareholder-numbers/#/en/publications/translate-to-english-dokumenttitel/aktionaerszahlen-2021-weiter-auf-hohem-niveau. **354** www.toogoodtogo.co.uk/en-gb/blog/use-your-loaf. **355** www.medium.com/future-farmer/is-it-time-to-kill-the-salad-bag-d428a004befc. **356** www.carbonliteracy.com/organisation. **357** www.toogoodtogo.com/en-us/movement/knowledge/what-food-is-wasted. **358** www.theguardian.com/environment/ethicallivingblog/2007/nov/08/christmaslights. **359** Yeoman, AM, Lewis, AC. 2021. Global emissions of VOCs from compressed aerosol products. Elementa: Science of Anthropocene 9(1). DOI:www.doi.org/10.1525/elementa.2020.20.00177. **360** Nolimal, Sarah (2018) "Life Cycle Assessment of Four Different Sweaters," DePaul Discoveries: Vol. 7: Iss. 1, Article 9. 以下で閲覧可能: www.via.library.depaul.edu/depaul-disc/vol7/iss1/9. **362** www.balance.media/founder-focus-patch. **364** www.wwf.org.au/news/blogs/plastic-in-our-oceans-is-killing-marine-mammals. **365** www.carbontrust.com/news-and-events/news/the-carbon-trusts-tips-for-a-more-sustainable-christmas.

[日本版編集部註記] 2024年7月現在、すでに存在しない記事や、接続できないサイトがありますが、原書のまま記載しております。

さくいん

著者からの謝辞

石ころだらけ(ペブル)の旅路をともに歩き続けてくれたベス・プリチャードとアレックス・トラスカに永遠に感謝します。また、気候変動問題に取り組み、世界を救うためにあらゆる方法で警鐘を鳴らす、すべての気候変動活動家、デモ参加者、科学者、嘆願書署名者、気候専門家にも感謝します。あなた方がこれまで行ってきた活動があったからこそ、この本が実現しました。希望は互いの胸の中にあることを忘れず進んでいきましょう。

著者　ジョージーナ・ウィルソン=パウエル

英国とアラブ首長国連邦を拠点に活動するジャーナリスト、雑誌編集者。メディアプラットフォーム、イベント事業、オンラインマガジンといった機能を通してサステナブルな暮らしを推進する元独立系ウェブサイト『pebble(ペブル)』[現在は『Sustainable Jungle(サステナブル・ジャングル)』の傘下]の創設者であり、既著に『これってホントにエコなの?』(東京書籍)がある。

監訳者　吉田綾(よしだ・あや)

国立研究開発法人国立環境研究所 資源循環領域 主任研究員。ごみ・リサイクルの現状とその背後にある消費・ライフスタイルの研究をしている。
おもな監訳書に『これってホントにエコなの?』(東京書籍)がある。

ブックデザイン　山田和寛+竹尾天輝子(nipponia)
翻訳協力　株式会社トランネット
https://www.trannet.co.jp/

地球(ちきゅう)のためになる365のこと
1日(にち)1つ 持続可能(サステナブル)な暮(く)らしへのステップ

2024年9月12日　第1刷発行

著者	ジョージーナ・ウィルソン=パウエル
監訳者	吉田綾(よしだあや)
訳者	上川典子(うえかわのりこ)
発行者	渡辺能理夫
発行所	東京書籍株式会社
	〒114-8524 東京都北区堀船2-17-1
電話	03-5390-7531(営業)
	03-5390-7508(編集)
印刷・製本	株式会社リーブルテック

Printed in Japan
ISBN978-4-487-81741-2 C0060 NDC519